학습 진도표 | 만점왕 수학 2-2

학습 완료 후 붙임 딱지를 붙여 학습 진도표를 완성해요

KB219058

1단원
1차 2차
3차 4차
5차 6차

2단원
1차 2차 3차
4차 5차 6차
7차 8차

3단원
1차
2차 3차
4차

4단원
1차 2차
5차
3차 4차

5단원
1차 2차
3차 4차

6단원
1차 2차 3차
4차 5차 6차

EBS

EBS 초등 인터넷·모바일·TV
무료 강의 제공

초│등│부│터 **EBS**

만점왕

수학 2-2

BOOK 1
개념책

예습·복습·숙제까지 해결되는
교과서 완전 학습서

BOOK 1
개념책

BOOK 1 개념책으로
교과서에 담긴 **학습 개념**을
꼼꼼하게 공부하세요!

풀이책 PDF 파일은 EBS 초등사이트(primary.ebs.co.kr)에서 내려받으실 수 있습니다.

| 교재
내용
문의 | 교재 내용 문의는 EBS 초등사이트
(primary.ebs.co.kr)의 교재 Q&A
서비스를 활용하시기 바랍니다. | 교 재
정오표
공 지 | 발행 이후 발견된 정오 사항을 EBS 초등사이트
정오표 코너에서 알려 드립니다.
교재 검색 ▶ 교재 선택 ▶ 정오표 | 교재
정정
신청 | 공지된 정오 내용 외에 발견된 정오 사항이
있다면 EBS 초등사이트를 통해 알려 주세요.
교재 검색 ▶ 교재 선택 ▶ 교재 Q&A |

만점왕

BOOK1 개념책

수학 2-2

이 책의 구성과 특징

BOOK 1
개념책

단원 도입

단원을 시작할 때마다 도입 그림을 눈으로 확인하며 안내 글을 읽으면, 공부할 내용에 대해 흥미를 갖게 됩니다.

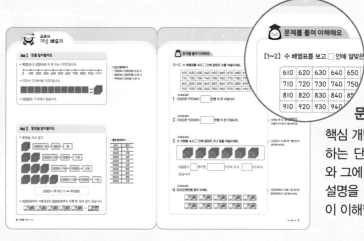

교과서 개념 배우기

본격적인 학습에 돌입하는 단계입니다. 자세한 개념 설명과 그림으로 제시한 예시를 통해 핵심 개념을 분명하게 파악할 수 있습니다.

문제를 풀며 이해해요

핵심 개념을 심층적으로 학습하는 단계입니다. 개념 문제와 그에 대한 출제 의도, 보조 설명을 통해 개념을 보다 깊이 이해할 수 있습니다.

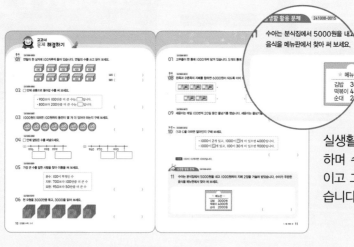

교과서 문제 해결하기

교과서 핵심 집중 탐구로 공부한 내용을 문제를 통해 하나하나 꼼꼼하게 살펴보며 교과서에 담긴 내용을 빈틈없이 학습할 수 있습니다.

실생활 활용 문제

실생활 속 문제 상황을 해결하며 수학에 대한 흥미를 높이고 그 필요성을 느낄 수 있습니다.

단원평가로 완성하기

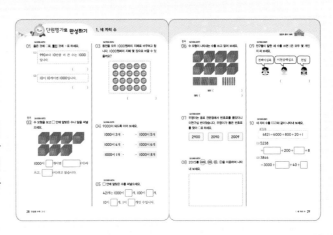

평가를 통해 단원 학습을 마무리
하고, 자신이 보완해야 할 점을
파악할 수 있습니다.

BOOK 2
실전책

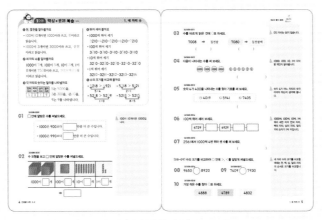

핵심 + 문제 복습

핵심 정리와 문제를 통해
학습한 내용을 복습하고,
자신의 학습 상태를 확인
할 수 있습니다.

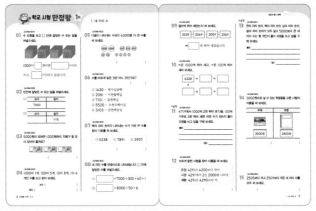

학교 시험 만점왕

앞서 학습한 내용을 바탕
으로 보다 다양한 문제를
경험하며 단원별 평가를
대비할 수 있습니다.

학습 진도표에 붙임딱지를 붙여 학습 상황을 한눈에 확인할 수 있습니다.

자기주도 활용 방법

BOOK 1 개념책

평상 시 진도 공부는

교재(북1 개념책)로 공부하기

만점왕 북1 개념책으로 진도에 따라 공부해 보세요.

개념책에는 학습 개념이 자세히 설명되어 있어요.

따라서 학교 진도에 맞춰 만점왕을 풀어 보면

혼자서도 쉽게 공부할 수 있습니다.

TV(인터넷) 강의로 공부하기

개념책으로 혼자 공부했는데, 잘 모르는 부분이 있나요?

더 알고 싶은 부분도 있다고요?

만점왕 강의가 있으니 걱정 마세요.

만점왕 강의는 TV를 통해 방송됩니다.

방송 강의를 보지 못했거나 다시 듣고 싶은 부분이 있다면

인터넷(EBS 초등사이트)을 이용하면 됩니다.

이 부분은 잘 모르겠으니 인터넷으로 다시 봐야겠어.

만점왕 방송 시간: EBS홈페이지 편성표 참조

EBS 초등사이트: primary.ebs.co.kr

시험 대비 공부는 북2 실전책으로! (북2 2쪽 자기주도 활용 방법을 읽어 보세요.)

이 책의 차례

BOOK
1
개념책

인공지능 DANCHOO
푸리봇 문|제|검|색

EBS 초등사이트와 **EBS 초등 APP** 하단의
AI 학습도우미 푸리봇을 통해 문항코드를
검색하면 푸리봇이 해당 문제의 해설 강의를
찾아 줍니다.

문제별 문항코드 확인

[241008-0001]

1. 아래 그래프를 이해한 내용으로 가장 적절한 것은?

① ② ③ ④

241008-0001

문항코드 검색

1

네 자리 수

단원 학습 목표

1. 네 자리 수를 이해하여 수를 쓰고, 읽을 수 있습니다.

2. 네 자리 수에서 각 자리의 숫자가 얼마를 나타내는지 알 수 있습니다.

3. 뛰어 세기를 통해 네 자리 수의 계열을 이해하고 수 감각을 기를 수 있습니다.

4. 네 자리 수의 크기를 비교하는 방법을 알고 수의 크기를 비교할 수 있습니다.

단원 진도 체크

회차		학습 내용	진도 체크
1차	교과서 개념 배우기 + 문제 해결하기	**개념 1** 천을 알아볼까요 **개념 2** 몇천을 알아볼까요	✓
2차	교과서 개념 배우기 + 문제 해결하기	**개념 3** 네 자리 수를 알아볼까요 **개념 4** (1000), (100), (10), (1)을 이용하여 나타내 볼까요	✓
3차	교과서 개념 배우기 + 문제 해결하기	**개념 5** 각 자리의 숫자는 얼마를 나타낼까요 **개념 6** 각 자릿값을 덧셈식으로 나타내 볼까요	✓
4차	교과서 개념 배우기 + 문제 해결하기	**개념 7** 1000씩, 100씩 뛰어 세어 볼까요 **개념 8** 10씩, 1씩 뛰어 세어 볼까요	✓
5차	교과서 개념 배우기 + 문제 해결하기	**개념 9** 수의 크기를 비교해 볼까요(1) **개념 10** 수의 크기를 비교해 볼까요(2)	✓
6차	단원평가로 완성하기	단원평가를 통해 단원 학습 내용을 확인해 보아요	✓

해당 부분을 공부하고 나서 ✓표를 하세요.

한 권 1000원

한 권 3000원

색연필 색연필

한 타 2500원

한 상자

MY CAR

정민이는 학용품을 사러 문구점에 갔어요. 공책은 한 권에 1000원인데 3권을 사야 해요. 정민이가 공책 3권을 사려면 얼마가 필요할까요? 색연필은 한 타에 2500원이네요. 2500은 어떻게 읽어야 할까요?

이번 1단원에서는 네 자리 수에 대해 배우고, 네 자리 수의 크기를 비교해 볼 거예요.

개념 1 천을 알아볼까요

• 900보다 100만큼 더 큰 수는 1000입니다.

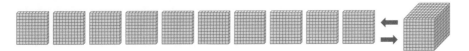

0	100	200	300	400	500	600	700	800	900	1000

• 100이 10개이면 1000입니다.

• 1000은 천이라고 읽습니다.

• **1000 알아보기**
  - 900보다 100만큼 더 큰 수
  - 800보다 200만큼 더 큰 수
  - 990보다 10만큼 더 큰 수

개념 2 몇천을 알아볼까요

• 몇천을 쓰고 읽기

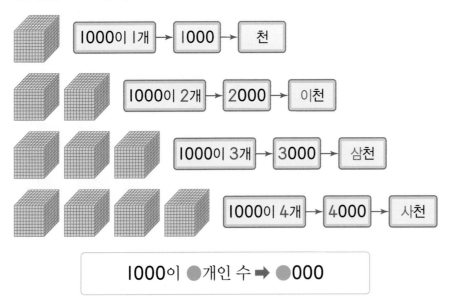

1000이 1개 → 1000 → 천

1000이 2개 → 2000 → 이천

1000이 3개 → 3000 → 삼천

1000이 4개 → 4000 → 사천

1000이 ●개인 수 ➡ ●000

• **몇천 알아보기**

쓰기	읽기
1000	천
2000	이천
3000	삼천
4000	사천
5000	오천
6000	육천
7000	칠천
8000	팔천
9000	구천

• 1000원짜리 지폐 5장은 5000원짜리 지폐 한 장과 값이 같습니다.

문제를 풀며 이해해요

천과 몇천의 의미를 알고 바르게 쓰고 읽을 수 있는지 묻는 문제예요.

[1~2] 수 배열표를 보고 ☐ 안에 알맞은 수를 써넣으세요.

610	620	630	640	650	660	670	680	690	700
710	720	730	740	750	760	770	780	790	800
810	820	830	840	850	860	870	880	890	900
910	920	930	940	950	960	970	980	990	1000

241008-0001

1 1000은 990보다 ☐ 만큼 더 큰 수입니다.

오른쪽으로 한 칸 갈수록 얼마만큼씩 커지는지 알아보아요.

241008-0002

2 1000은 900보다 ☐ 만큼 더 큰 수입니다.

아래로 한 칸 내려갈수록 얼마만큼씩 커지는지 알아보아요.

241008-0003

3 수 모형을 보고 ☐ 안에 알맞은 수나 말을 써넣으세요.

1000이 6개이면 몇천인지 생각해 보아요.

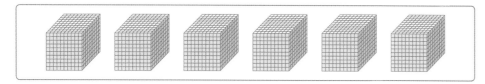

1000이 ☐ 개이면 ☐ (이)라 쓰고, ☐ (이)라고 읽습니다.

241008-0004

4 8000원만큼 묶어 보세요.

1000원짜리 지폐가 몇 장이면 8000원인지 생각해 보아요.

중요
241008-0005

01 연필이 한 상자에 100자루씩 들어 있습니다. 연필의 수를 쓰고 읽어 보세요.

100 100 100 100 100

100 100 100 100 100

쓰기 ( )

읽기 ( )

241008-0006

02 □ 안에 공통으로 들어갈 수를 써 보세요.

- 900보다 100만큼 더 큰 수는 □입니다.
- 800보다 200만큼 더 큰 수는 □입니다.

( )

241008-0007

03 1000원이 되려면 100원짜리 동전이 몇 개 더 있어야 하는지 구해 보세요.

100 100 100 100 100 100 100 100

( )

241008-0008

04 □ 안에 알맞은 수를 써넣으세요.

(1) 996 998 999

(2) 960 970 990

241008-0009

05 가장 큰 수를 말한 사람을 찾아 이름을 써 보세요.

은수: 100이 9개인 수
지우: 700보다 100만큼 더 큰 수
요한: 950보다 50만큼 더 큰 수

( )

241008-0010

06 천 모형을 3000만큼 묶고, 3000을 읽어 보세요.

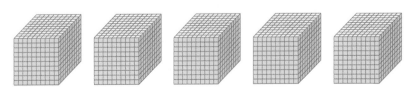

( )

241008-0011

07 고무줄이 한 통에 1000개씩 담겨 있습니다. 5개의 통에 담겨 있는 고무줄은 모두 몇 개일까요?

( )

중요 241008-0012

08 왼쪽과 오른쪽의 지폐를 합하면 6000원이 되도록 이어 보세요.

 • •

241008-0013

09 세윤이는 매일 100번씩 20일 동안 줄넘기를 했습니다. 세윤이는 줄넘기를 모두 몇 번 했을까요?

( )

도전 241008-0014

10 ㉠과 ㉡을 더하면 얼마인지 구해 보세요.

> • 1000이 2개 있고, 1000이 ㉠개 더 있으면 4000입니다.
> • 1000이 ㉡개 있고, 100이 30개 더 있으면 9000입니다.

( )

 100이 10개이면 1000입니다.

실생활 활용 문제 241008-0015

11 수아는 분식집에서 5000원을 내고 1000원짜리 지폐 2장을 거슬러 받았습니다. 수아가 주문한 음식을 메뉴판에서 찾아 써 보세요.

```
★ 메뉴판 ★
김밥    3000원
떡볶이  4000원
순대    2000원
```

( )

개념 3 네 자리 수를 알아볼까요

천 모형	백 모형	십 모형	일 모형
1000이 4개	100이 6개	10이 5개	1이 9개

1000이 4개, 100이 6개, 10이 5개, 1이 9개이면 4659입니다.
4659는 사천육백오십구라고 읽습니다.

· 자리의 숫자가 1 또는 0인 네 자리 수 읽기
예) 9031
  ➡ 구천삼십일
4508
  ➡ 사천오백팔
7600
  ➡ 칠천육백
2110
  ➡ 이천백십

개념 4 ⑩⑩⑩ , ⑩⑩ , ⑩ , ① 을 이용하여 나타내 볼까요

· 3147은 ⑩⑩⑩이 3개, ⑩⑩이 1개, ⑩이 4개, ①이 7개인 수입니다.

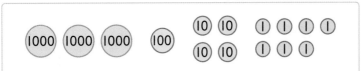

· 5040은 ⑩⑩⑩이 5개, ⑩이 4개인 수입니다.

· 4230원을 지폐와 동전으로 나타내기

문제를 풀며 이해해요

241008-0016

1 ☐ 안에 알맞은 수나 말을 써넣으세요.

천 모형	백 모형	십 모형	일 모형
1000이 ☐ 개	100이 ☐ 개	10이 ☐ 개	1이 ☐ 개

네 자리 수를 이해하는지 묻는 문제예요.

천 모형, 백 모형, 십 모형, 일 모형의 개수가 네 자리 수의 어느 자리에 적히는지 알아보아요.

수 모형이 나타내는 수는 ☐☐☐ (이)고

☐☐☐ (이)라고 읽습니다.

241008-0017

2 다음이 나타내는 수를 써 보세요.

1000 100 100 100 100 10 10 10 1 1 1 1

(   )

241008-0018

3 4123을 ⟨1000⟩, ⟨100⟩, ⟨10⟩, ⟨1⟩을 이용하여 바르게 나타낸 것에 ○표 하세요.

네 자리 수를 1000, 100, 10, 1을 이용하여 나타내는 방법을 알아보아요.

1000 1000 1000 1000 100 10 10 1 1 1

1000 100 100 100 100 10 10 1 1 1

(   )   (   )

[01~02] 수 모형을 보고 ☐ 안에 알맞은 수나 말을 써넣으세요.

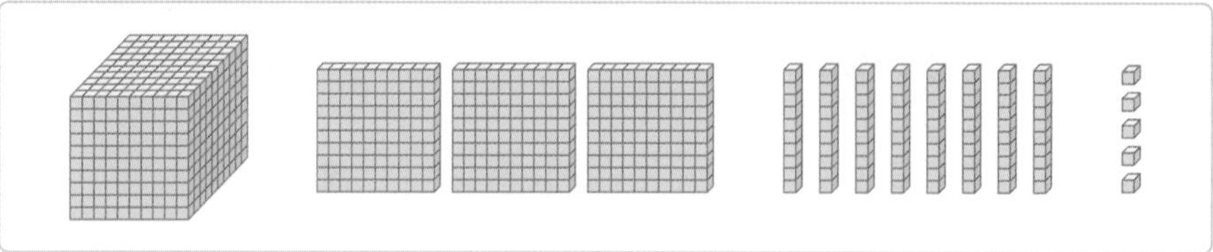

241008-0019

01 1000이 ☐ 개, 100이 ☐ 개, 10이 ☐ 개, 1이 ☐ 개이므로 ☐ 입니다.

241008-0020

02 수 모형이 나타내는 수를 읽으면 ☐ 입니다.

[03~04] ☐ 안에 알맞은 수를 써넣으세요.

241008-0021

03 1000이 7개 ┐
　　 100이 4개 │ 이면 ☐
　　 10이 9개 │
　　 1이 2개 ┘

중요

241008-0022

04 1000이 5개 ┐
　　 100이 0개 │ 이면 ☐
　　 10이 1개 │
　　 1이 6개 ┘

241008-0023

05 다음이 나타내는 수를 써 보세요.

1000 1000 1000　　100 100　　10 10 10 10 10　　1

(　　　　　　　)

241008-0024

06 오천삼백칠을 찾아 기호를 써 보세요.

㉠ 537　　㉡ 5307　　㉢ 5037

(　　　　　　　)

241008-0025

07 카드를 4장 모아서 8749를 만들려고 합니다. 필요한 카드를 모두 찾아 색칠해 보세요.

| 1000이 8개 | 100이 4개 | 10이 4개 | 1이 9개 |
| 1000이 7개 | 100이 7개 | 10이 9개 | 1이 3개 |

중요
08 241008-0026
같은 것끼리 이어 보세요.

1000이 2개, 100이 3개인 수	•	•	2003
1000이 2개, 10이 3개인 수	•	•	2300
1000이 2개, 1이 3개인 수	•	•	2030

도전
09 241008-0027
다음이 나타내는 수를 쓰고 읽어 보세요.

⑩⑩⑩⑩⑩⑩⑩⑩⑩⑩ ⑩⑩⑩⑩⑩
⑩⑩⑩⑩⑩⑩⑩⑩⑩⑩ ①①①

쓰기 (   ), 읽기 (   )

도움말 100이 10개이면 1000입니다.

10 241008-0028
1000을 △, 100을 ○, 10을 ◇, 1을 ♡로 나타냈습니다. 빈칸에 알맞은 수를 써넣으세요.

수	기호
6124	△△△△△△○◇◇♡♡♡♡
	△△○○○◇♡♡♡♡♡♡
	△△△△◇◇◇◇

 실생활 활용 문제   241008-0029

11 휘승이가 지갑에 있는 돈을 모두 꺼냈더니 다음과 같았습니다. ☐ 안에 알맞은 수를 써넣으세요.

[1000원짜리 지폐 4장] [100원짜리 동전 6개]

1000원짜리 지폐가 ☐ 장, 100원짜리 동전이 ☐ 개이므로 ☐ 원입니다.

개념 5 각 자리의 숫자는 얼마를 나타낼까요

• 6253에서

6은 천의 자리 숫자이고, 6000을 나타냅니다.

2는 백의 자리 숫자이고, 200을 나타냅니다.

5는 십의 자리 숫자이고, 50을 나타냅니다.

3은 일의 자리 숫자이고, 3을 나타냅니다.

6253=6000+200+50+3

천의 자리	백의 자리	십의 자리	일의 자리
6	2	5	3

↓

6	0	0	0
	2	0	0
		5	0
			3

• 네 자리 수의 범위

네 자리 수 중에서 가장 큰 수

➡ 9999

네 자리 수 중에서 가장 작은 수

➡ 1000

개념 6 각 자릿값을 덧셈식으로 나타내 볼까요

• 3528을 (몇천)+(몇백)+(몇십)+(몇)으로 나타내기

수 모형			십의 자리	일의 자리
자리	천의 자리	백의 자리	십의 자리	일의 자리
숫자	3	5	2	8
나타 내는 수	3000	500	20	8

3528=3000+500+20+8

• 2222에서 밑줄 친 숫자가 나타내는 수

2222 ➡ 2000

2222 ➡ 200

2222 ➡ 20

2222 ➡ 2

2222
=2000+200+20+2

문제를 풀며 이해해요

241008-0030

1 4장의 카드를 겹쳐 만들 수 있는 네 자리 수를 써 보세요.

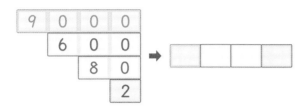

네 자리 수에서 각 자리의 숫자가 얼마를 나타내는지 묻는 문제예요.

241008-0031

2 ☐ 안에 알맞은 수를 써넣으세요.

5341

⬇

천의 자리	백의 자리	십의 자리	일의 자리
1000이 5개	100이 ☐개	10이 ☐개	1이 ☐개
5000	☐	40	1

5341 = ☐ + 300 + ☐ + 1

네 자리 수의 각 자리 숫자가 나타내는 수를 이용해 네 자리 수를 (몇천)+(몇백)+(몇십)+(몇)으로 나타내 보아요.

241008-0032

3 밑줄 친 숫자가 나타내는 수를 찾아 이어 보세요.

<u>3</u>333   •   •   300

3<u>3</u>33   •   •   30

33<u>3</u>3   •   •   3000

중요
241008-0033
01 5420에서 숫자 5는 얼마를 나타내는지 써 보세요. (   )

241008-0034
02 숫자 2가 200을 나타내는 수는 모두 몇 개인가요?

| 1290 | 3200 | 2506 | 8234 | 4532 | 7921 |

(   )

241008-0035
03 천의 자리 숫자가 8, 백의 자리 숫자가 9, 십의 자리 숫자가 0, 일의 자리 숫자가 0인 네 자리 수를 써 보세요. (   )

241008-0036
04 십의 자리 숫자가 3인 수를 찾아 기호를 써 보세요.

| ㉠ 오천삼백이십 | ㉡ 육천삼십오 | ㉢ 사천삼 |

(   )

[05~06] 네 자리 수를 보기 와 같이 나타내 보세요.

> 보기
> $$4528 = 4000 + 500 + 20 + 8$$

중요
241008-0037
05 $9623 = 9000 + \boxed{} + \boxed{} + 3$

241008-0038
06 $8295 = \boxed{} + 200 + 90 + \boxed{}$

241008-0039
07 관계있는 것끼리 이어 보세요.

5306	·		·	5000+300+6
3056	·		·	3000+500+6
3506	·		·	3000+50+6

241008-0040

08 밑줄 친 숫자는 얼마를 나타내는지 써 보세요.

(1) 4<u>3</u>70 ➡ ☐

(2) <u>8</u>923 ➡ ☐

241008-0041

09 다음이 나타내는 수를 (몇천)+(몇백)+(몇십)+(몇)과 같은 덧셈식으로 나타내 보세요.

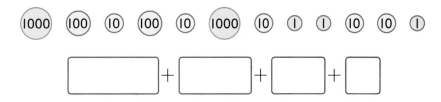

☐ + ☐ + ☐ + ☐

도전 ▲ 241008-0042

10 천의 자리 숫자가 3000을 나타내고, 백의 자리 숫자가 400을 나타내는 네 자리 수가 있습니다. 이 중에서 십의 자리 숫자와 일의 자리 숫자가 같은 수는 모두 몇 개인지 구해 보세요.

(   )

도움말 천의 자리 숫자와 백의 자리 숫자를 먼저 적고 남은 자리에 어떤 숫자가 들어갈 수 있는지 생각해 봅니다.

 실생활 활용 문제 241008-0043

11 우형이가 어린이집, 유치원, 초등학교에 입학한 연도입니다. 바르게 말한 사람의 이름을 써 보세요.

우형: 2020, 2022, 2024의 백의 자리 숫자는 모두 2000을 나타내.
민수: 일의 자리 숫자가 나타내는 수는 모두 달라.

(   )

개념 **7** 1000씩, 100씩 뛰어 세어 볼까요

- **1000씩 뛰어 세기**
  1000씩 뛰어 세면 천의 자리 숫자가 1씩 커집니다.

- **100씩 뛰어 세기**
  100씩 뛰어 세면 백의 자리 숫자가 1씩 커집니다.

참고 1900에서 100을 뛰어 세면 2000입니다.

- 1000씩 거꾸로 뛰어 세면 천의 자리 숫자가 1씩 작아집니다.
  7895 – 6895 – 5895 – 4895 – 3895

- 100씩 거꾸로 뛰어 세면 백의 자리 숫자가 1씩 작아집니다.
  7895 – 7795 – 7695 – 7595 – 7495

개념 **8** 10씩, 1씩 뛰어 세어 볼까요

- **10씩 뛰어 세기**
  10씩 뛰어 세면 십의 자리 숫자가 1씩 커집니다.

- **1씩 뛰어 세기**
  1씩 뛰어 세면 일의 자리 숫자가 1씩 커집니다.

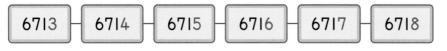

참고 6718에서 1씩 뛰어 세면 6718 – 6719 – 6720입니다.

- 10씩 거꾸로 뛰어 세면 십의 자리 숫자가 1씩 작아집니다.
  7195 – 7185 – 7175 – 7165 – 7155

- 1씩 거꾸로 뛰어 세면 일의 자리 숫자가 1씩 작아집니다.
  7195 – 7194 – 7193 – 7192 – 7191

문제를 풀며 이해해요

[1~4] 뛰어 세어 빈칸에 알맞은 수를 써넣으세요.

241008-0044

1 1000씩 뛰어 세기

| 2341 | 3341 | | | 6341 | 7341 |

네 자리 수의 뛰어 세기를 할 수 있는지 묻는 문제예요.

1000씩 뛰어 세면 천의 자리 숫자가 1씩 커져요.

241008-0045

2 100씩 뛰어 세기

| 2341 | 2441 | | 2641 | 2741 | |

100씩 뛰어 세면 백의 자리 숫자가 1씩 커져요.

241008-0046

3 10씩 뛰어 세기

| 2341 | | 2361 | | | 2391 |

10씩 뛰어 세면 십의 자리 숫자가 1씩 커져요.

241008-0047

4 1씩 뛰어 세기

| 2341 | 2342 | | | 2345 | |

1씩 뛰어 세면 일의 자리 숫자가 1씩 커져요.

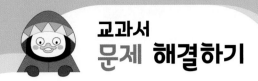

중요
241008-0048
01 1000씩 뛰어 세어 보세요.

| 1305 | | 3305 | | 5305 | |

241008-0049
02 얼마씩 뛰어 센 것인지 써 보세요.

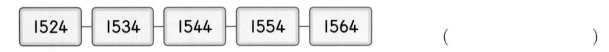

| 1524 | 1534 | 1544 | 1554 | 1564 |

(   )

241008-0050
03 100씩 뛰어 세려고 합니다. 빈칸에 알맞은 수를 쓰고 1000, 100, 10, 1을 이용하여 나타내 보세요.

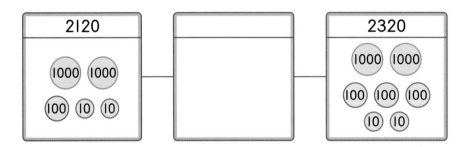

241008-0051
04 1씩 거꾸로 뛰어 세어 보세요.

| 5489 | | | 5486 | | 5484 |

241008-0052
05 ➡은 1000씩 뛰어 세고, ➡은 10씩 뛰어 세어 보세요.

2230 ➡ [ ] ➡ [ ] ➡ [ ] ➡ [ ]

241008-0053
06 뛰어 세는 규칙을 찾아 빈칸에 알맞은 수를 써넣으세요.

| 2655 | 2755 | | 2955 | | |

도전
241008-0054
01 8023에서 100씩 뛰어 세었을 때 나올 수 있는 수는 어느 것일까요? (   )

① 6924   ② 9833   ③ 8925   ④ 8323   ⑤ 9022

도움말 어느 자리 숫자가 1씩 커져야 하는지 확인합니다.

[08~10] 수 배열표를 보고 물음에 답하세요.

5610	5620	5630	㉠	5650
5710	5720	5730	5740	㉡
5810	5820	㉢	5840	5850

241008-0055
08 → 방향, ↓ 방향으로 각각 얼마씩 뛰어 세었는지 써 보세요.

→ 방향 (   ), ↓ 방향 (   )

241008-0056
09 ㉠, ㉡, ㉢에 알맞은 수를 구해 보세요.

㉠ (   ), ㉡ (   ), ㉢ (   )

241008-0057
10 알맞은 말을 모두 찾아 ○표 하세요.

(1) ☐ 안의 수는 모두 (천 , 백 , 십 , 일)의 자리 숫자가 각각 같습니다.

(2) ☐ 안의 수는 모두 (천 , 백 , 십 , 일)의 자리 숫자가 각각 같습니다.

실생활 활용 문제 241008-0058

11 채하네 아파트의 10층은 1001호, 1002호이고, 11층은 1101호, 1102호, ...입니다. 그림을 보고 13층인 채하네 집은 몇 호인지 구해 보세요.

(   )

개념 **9** 수의 크기를 비교해 볼까요(1)

• 두 수의 크기 비교하기

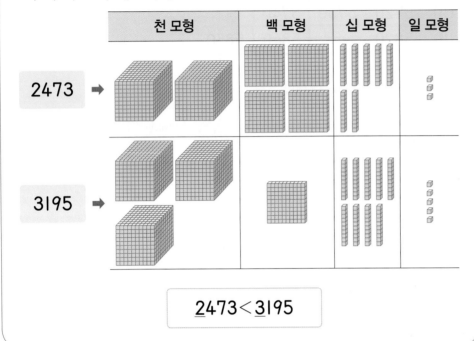

	천 모형	백 모형	십 모형	일 모형
2473 ➡				
3195 ➡				

$$\underline{2}473 < \underline{3}195$$

• 9000 > 8999
➡ 9000은 8999보다 큽니다.
➡ 8999는 9000보다 작습니다.

개념 **10** 수의 크기를 비교해 볼까요(2)

• 세 수의 크기 비교하기

	천의 자리	백의 자리	십의 자리	일의 자리
5892 ➡	5	8	9	2
4157 ➡	4	1	5	7
4610 ➡	4	6	1	0

• 천의 자리 숫자를 확인하면 **5892**가 가장 큽니다.

• **4157**과 **4610**은 천의 자리 숫자가 같으므로 백의 자리 숫자를 확인하면 **4610**이 더 큽니다.

가장 큰 수 ➡ **5892**   가장 작은 수 ➡ **4157**

• 천의 자리 숫자가 같으면 백의 자리 숫자를 확인합니다.
➡ 3419 < 3500
  └ 4 < 5 ┘

• 천의 자리 숫자와 백의 자리 숫자가 각각 같으면 십의 자리 숫자를 확인합니다.
➡ 8931 > 8925
  └ 3 > 2 ┘

문제를 풀며 이해해요

241008-0059

1 모형을 보고 두 수의 크기를 비교하여 ○ 안에 >, <를 알맞게 써넣으세요.

네 자리 수의 크기를 비교할 수 있는지 묻는 문제예요.

(1)

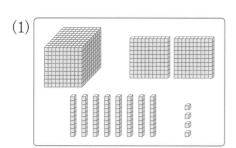   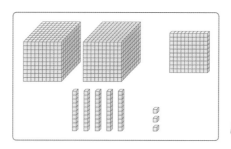

모형의 수를 비교해 보아요.

1284 ◯ 2153

(2)

| 1000 1000 1000 |
| 100 100 100 10 10 |

| 1000 1000 1000 |
| 100 100 10 10 10 |

3320 ◯ 3230

241008-0060

2 6720, 7812, 7739의 크기를 비교하려고 합니다. ☐ 안에 알맞은 수를 써넣으세요.

천의 자리 숫자가 같으면 백의 자리 숫자를 확인해 보아요.

	천의 자리	백의 자리	십의 자리	일의 자리
6720 ➡	6	☐	2	0
7812 ➡	7	☐	1	2
7739 ➡	☐	7	3	9

가장 큰 수: ☐ , 가장 작은 수: ☐

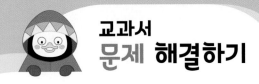
241008-0061

01 8923과 8793의 크기를 비교하려고 합니다. ☐ 안에 알맞은 수를 써넣으세요.

	천의 자리	백의 자리	십의 자리	일의 자리
8923 ➡	☐	☐	2	3
8793 ➡	8	☐	9	3

8923과 8793 중에서 더 큰 수는 ☐ 입니다.

[02~03] 두 수의 크기를 비교하여 ○ 안에 >, <를 알맞게 써넣으세요.

중요
241008-0062
02 9072 ◯ 9181

241008-0063
03 3970 ◯ 3969

241008-0064

04 수의 크기를 바르게 비교한 사람의 이름을 써 보세요.

> 현진: 삼천구십오는 삼천팔백일보다 커.
> 재하: 이천삼백이십칠은 이천삼백오십보다 작아.

( )

241008-0065

05 더 큰 수의 기호를 써 보세요.

> ㉠ 1000이 7개, 100이 8개, 1이 4개인 수
> ㉡ 칠천구백오

( )

241008-0066

06 가장 비싼 필통의 가격을 써 보세요.

2500원　　3000원　　2800원

( )

중요
07 241008-0067
가장 큰 수에 ○표, 가장 작은 수에 △표 하세요.

| 3256 | 2987 | 3259 |

08 241008-0068
수 카드 4장을 한 번씩만 사용하여 네 자리 수를 만들려고 합니다. 만들 수 있는 가장 큰 수와 가장 작은 수를 써 보세요.

| 4 | 6 | 8 | 9 |

가장 큰 네 자리 수	가장 작은 네 자리 수

09 241008-0069
☐ 안에 들어갈 수 <u>없는</u> 숫자는 어느 것일까요? (   )

76☐8 < 7669

① 0   ② 7   ③ 6   ④ 3   ⑤ ⵏ

도전 241008-0070
10 다음을 모두 만족하는 네 자리 수는 모두 몇 개인지 구해 보세요.

> • 4596보다 크고 4604보다 작습니다.
> • 일의 자리 숫자가 홀수입니다.

(   )

도움말 홀수는 ⵏ, 3, 5,....와 같이 둘씩 짝이 지어지지 않는 수입니다.

 실생활 활용 문제 241008-0071

11 누구네 학교의 학생 수가 더 많은지 써 보세요.

우리 학교 학생 수는 2965명이야.

우리 학교 학생 수는 3029명이지.

 시은

 민준

(   )

241008-0072

01 옳은 것에 ○표, 틀린 것에 ×표 하세요.

(1)

> 990보다 10만큼 더 큰 수는 1000 입니다.

(   )

(2)

> 10이 10개이면 1000입니다.

(   )

중요
241008-0073

02 수 모형을 보고 □ 안에 알맞은 수나 말을 써넣으세요.

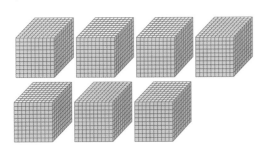

1000이 □ 개이면 □ (이)라

쓰고, □ (이)라고 읽습니다.

241008-0074

03 동전을 모두 1000원짜리 지폐로 바꾸려고 합니다. 1000원짜리 지폐 몇 장으로 바꿀 수 있을까요?

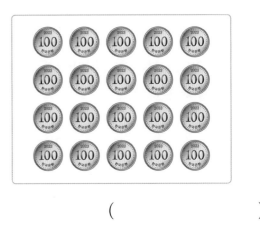

(   )

241008-0075

04 9000이 되도록 이어 보세요.

1000이 3개 •	• 1000이 5개
1000이 4개 •	• 1000이 6개
1000이 1개 •	• 1000이 8개

241008-0076

05 □ 안에 알맞은 수를 써넣으세요.

4219는 1000이 □ 개, 100이 □ 개,

10이 □ 개, 1이 □ 개인 수입니다.

241008-0077
중요
06 수 모형이 나타내는 수를 쓰고 읽어 보세요.

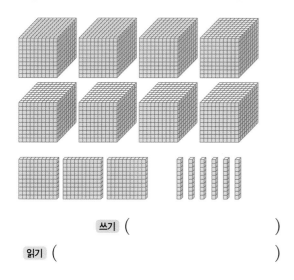

쓰기 (   )

읽기 (   )

241008-0078
07 우영이는 음료 전문점에서 번호표를 뽑았더니 이천구십 번이었습니다. 우영이가 뽑은 번호표를 찾아 ○표 하세요.

| 2900 | 2090 | 2009 |

241008-0079
08 2015를 ⑩⑩⑩, ⑩⑩, ⑩, ① 을 이용하여 나타내 보세요.

241008-0080
09 친구들이 말한 세 수를 쓰면 Ⅰ은 모두 몇 개인 지 써 보세요.

천백이십육   이천삼백십오   천일

(   )

241008-0081
10 네 자리 수를 보기 와 같이 나타내 보세요.

보기

$$6821 = 6000 + 800 + 20 + 1$$

(1) 5238

= [   ] + 200 + [   ] + 8

(2) 3846

= 3000 + [   ] + 40 + [   ]

11 241008-0082

수를 보고 ☐ 안에 알맞은 수나 말을 써넣으세요.

> **9278**

(1) **9**는 ☐ 의 자리 숫자이고

☐ 을/를 나타냅니다.

(2) **7**은 ☐ 의 자리 숫자이고

☐ 을/를 나타냅니다.

12 241008-0083

백의 자리 숫자가 300을 나타내는 수를 모두 고르세요. (   )

① 3209   ② 9387
③ 5430   ④ 1351
⑤ 6713

13 241008-0084

1000씩 뛰어 세어 보세요.

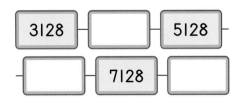

14 241008-0085

☐ 안에 알맞은 수를 써넣으세요.

(1) 5237에서 10씩 2번 뛰어 센 수는

☐ 입니다.

(2) ☐ 에서 100씩 3번 뛰어 센

수는 2590입니다.

서술형 **15** 241008-0086

수아의 저금통에는 1000원짜리 지폐가 4장, 100원짜리 동전이 3개 들어 있습니다. 수아가 4일 동안 하루에 100원씩 저금통에 넣으면 모두 얼마가 되는지 풀이 과정을 쓰고 답을 구해 보세요.

풀이

(1) 1000이 4개, 100이 3개인 수는
(   )입니다.

(2) (   )에서 100씩 (   )번
뛰어 세면 (   )입니다.
따라서 모두 (   )원이 됩니다.

답 _____

16 수 모형이 나타내는 두 수 중에서 더 작은 수를
241008-0087
써 보세요.

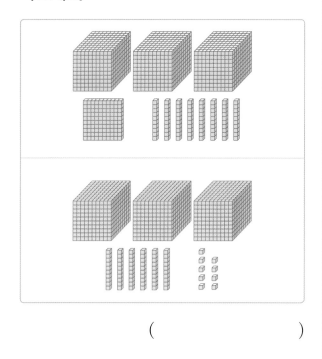

( )

17 두 수의 크기를 비교하여 ○ 안에 >, <를 알
241008-0088
맞게 써넣으세요.

(1) 5211 ◯ 4211

(2) 1698 ◯ 1627

18 2353보다 작은 수를 모두 찾아 ○표 하세요.
241008-0089

| 3253 | 2239 | 2394 |
| 2340 | 2541 | 4281 |

도전 19 수 카드 4장을 한 번씩만 사용하여 만들 수 있
241008-0090
는 네 자리 수 중에서 5300보다 큰 수를 모두
써 보세요.

| I | 3 | 5 | 0 |

( )

20 ㉠보다 크고 ㉡보다 작은 수는 모두 몇 개인지
241008-0091
구해 보세요.

㉠ 구천구십오
㉡ 1000이 9개, 100이 I개인 수

( )

2

곱셈구구

해당 부분을 공부하고 나서 ✓표를 하세요.

미경이는 전통 시장에 갔어요. 채소 가게에 가지가 2개씩 바구니 6개에 담겨 있고, 과일 가게에는 사과가 5개씩 4줄로 놓여 있어요. 가지의 수와 사과의 수를 알아볼까요?

이번 2단원에서는 곱셈구구에 대해 배울 거예요. 그리고 곱셈구구를 이용하여 실생활 문제를 해결해 볼 거예요.

개념 1   2단 곱셈구구를 알아볼까요

• 2단 곱셈구구 알아보기

(가지 1개)	$2 \times 1 = 2$
(가지 2개)	$2 \times 2 = 4$
(가지 3개)	$2 \times 3 = 6$
(가지 4개)	$2 \times 4 = 8$

➡ 2단 곱셈구구에서 곱하는 수가 1씩 커지면 그 곱은 2씩 커집니다.

$2 \times 1 = 2$
$2 \times 2 = 4$
$2 \times 3 = 6$
$2 \times 4 = 8$
$2 \times 5 = 10$
$2 \times 6 = 12$
$2 \times 7 = 14$
$2 \times 8 = 16$
$2 \times 9 = 18$

• 2×5를 계산하는 방법
① 2씩 5번 더하면 10입니다.
② $2 \times 5 = 2 + 2 + 2 + 2 + 2$
　　　 $= 10$
③ 2×4에 2를 더하면 10입니다.
$2 \times 4 = 8$
$2 \times 5 = 10$ ⌐ +2

개념 2   5단 곱셈구구를 알아볼까요

• 5단 곱셈구구 알아보기

(사과 1바구니)	$5 \times 1 = 5$
(사과 2바구니)	$5 \times 2 = 10$
(사과 3바구니)	$5 \times 3 = 15$
(사과 4바구니)	$5 \times 4 = 20$

➡ 5단 곱셈구구에서 곱하는 수가 1씩 커지면 그 곱은 5씩 커집니다.

$5 \times 1 = 5$
$5 \times 2 = 10$
$5 \times 3 = 15$
$5 \times 4 = 20$
$5 \times 5 = 25$
$5 \times 6 = 30$
$5 \times 7 = 35$
$5 \times 8 = 40$
$5 \times 9 = 45$

• 5×5를 계산하는 방법
① 5씩 5번 더하면 25입니다.
② $5 \times 5 = 5 + 5 + 5 + 5 + 5$
　　　 $= 25$
③ 5×4에 5를 더하면 25입니다.
$5 \times 4 = 20$
$5 \times 5 = 25$ ⌐ +5

정답과 풀이 20쪽

 문제를 풀며 이해해요

241008-0092

1 오토바이의 바퀴의 수를 구하려고 합니다. ☐ 안에 알맞은 수를 써넣으세요.

(1)

$2 \times 3 = $ ☐

(2)

$2 \times 4 = $ ☐

(3)

$2 \times$ ☐ $=$ ☐

2단, 5단 곱셈구구의 원리를 이해하고 있는지 묻는 문제예요.

오토바이가 한 대씩 늘어날수록 바퀴는 2개씩 늘어나므로 2단 곱셈구구를 이용해요.

241008-0093

2 색연필의 수를 구하려고 합니다. ☐ 안에 알맞은 수를 써넣으세요.

(1)

$5 \times 2 = $ ☐

(2)

$5 \times$ ☐ $=$ ☐

(3)

$5 \times$ ☐ $=$ ☐

색연필이 한 세트씩 늘어날수록 색연필은 5자루씩 늘어나므로 5단 곱셈구구를 이용해요.

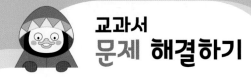
241008-0094

01 그림을 보고 ☐ 안에 알맞은 수를 써넣으세요.

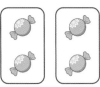

$2 \times 5 =$ ☐

241008-0095

02 ☐ 안에 알맞은 수를 써넣으세요.

(1) $2 \times 6 =$ ☐

(2) $2 \times 8 =$ ☐

241008-0096

03 $2 \times 5 = 10$입니다. 2×7은 10보다 얼마만큼 더 큰지 ○를 그려서 나타내고 구해 보세요.

(   )

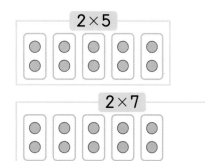

241008-0097

04 곱이 8보다 큰 것을 모두 찾아 기호를 써 보세요.

㉠ 2×3 ㉡ 2×5 ㉢ 2×8 ㉣ 2×4

(   )

중요
05 241008-0098

그림을 보고 2의 9배는 얼마인지 구해 보세요.

(   )

241008-0099

06 그림을 보고 ☐ 안에 알맞은 수를 써넣으세요.

$5 \times 6 =$ ☐

중요

07 241008-0100

5단 곱셈구구의 값을 찾아 이어 보세요.

5×3 ·

5×5 ·

· 25

· 15

· 35

08 241008-0101

5×7을 계산하는 방법입니다. ☐ 안에 알맞은 수를 써넣으세요.

방법 1 5×7은 5씩 ☐ 번 더해서 계산할 수 있습니다.

방법 2 5×7은 5×6에 ☐ 을/를 더해서 계산할 수 있습니다.

09 241008-0102

색 테이프 한 장의 길이는 5 **cm**입니다. 색 테이프 8장의 길이는 몇 **cm**일까요?

5 cm

(   )

도전 241008-0103

10 다음에서 설명하는 수를 구해 보세요.

· 5단 곱셈구구의 수입니다.
· 15보다 크고 25보다 작은 수입니다.

(   )

도움말 5단 곱셈구구의 수 중에서 15보다 크고 25보다 작은 수를 찾아봅니다.

🐰 실생활 활용 문제 241008-0104

11 소민이네 집에 있는 건전지는 모두 몇 개인지 구해 보세요.

우리 집에는 건전지가
한 묶음에 **2**개씩 **4**묶음 있어.

소민

(   )

개념 **3** 3단, 6단 곱셈구구를 알아볼까요

• **3단** 곱셈구구 알아보기

	$3 \times 1 = 3$
	$3 \times 2 = 6$
	$3 \times 3 = 9$
	$3 \times 4 = 12$

➡ 3단 곱셈구구에서 곱하는 수가 1씩 커지면 그 곱은 3씩 커집니다.

$3 \times 1 = 3$
$3 \times 2 = 6$
$3 \times 3 = 9$
$3 \times 4 = 12$
$3 \times 5 = 15$
$3 \times 6 = 18$
$3 \times 7 = 21$
$3 \times 8 = 24$
$3 \times 9 = 27$

• **3×7을 계산하는 방법**
 ① 3씩 7번 더하면 21입니다.
 ② 3×7
  $= 3+3+3+3+3+3+3$
  $= 21$
 ③ 3×6에 3을 더하면 21입니다.
  $3 \times 6 = 18$ ⎤
  $3 \times 7 = 21$ ⎦ $+3$

• **6단** 곱셈구구 알아보기

	$6 \times 1 = 6$
	$6 \times 2 = 12$
	$6 \times 3 = 18$
	$6 \times 4 = 24$

➡ 6단 곱셈구구에서 곱하는 수가 1씩 커지면 그 곱은 6씩 커집니다.

$6 \times 1 = 6$
$6 \times 2 = 12$
$6 \times 3 = 18$
$6 \times 4 = 24$
$6 \times 5 = 30$
$6 \times 6 = 36$
$6 \times 7 = 42$
$6 \times 8 = 48$
$6 \times 9 = 54$

• **6×7을 계산하는 방법**
 ① 6씩 7번 더하면 42입니다.
 ② 6×7
  $= 6+6+6+6+6+6+6$
  $= 42$
 ③ 6×6에 6을 더하면 42입니다.
  $6 \times 6 = 36$ ⎤
  $6 \times 7 = 42$ ⎦ $+6$

• **6의 5배와 5의 6배**

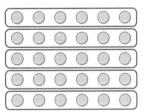

6의 5배
$6 \times 5 = 30$

5의 6배
$5 \times 6 = 30$

➡ 6의 5배는 5의 6배와 같습니다.

241008-0105

1 세발자전거의 바퀴의 수를 구하려고 합니다. ☐ 안에 알맞은 수를 써넣으세요.

(1)

$3 \times 3 = $ ☐

(2)

$3 \times 4 = $ ☐

(3)

$3 \times $ ☐ $ = $ ☐

> 3단, 6단 곱셈구구의 원리를 이해하고 있는지 묻는 문제예요.
>
>
>
> 세발자전거가 한 대씩 늘어날수록 바퀴는 3개씩 늘어나므로 3단 곱셈구구를 이용해요.

241008-0106

2 메뚜기의 다리의 수를 구하려고 합니다. ☐ 안에 알맞은 수를 써넣으세요.

(1)

$6 \times 3 = $ ☐

(2)

$6 \times $ ☐ $ = $ ☐

(3)

$6 \times $ ☐ $ = $ ☐

> 메뚜기가 한 마리씩 늘어날수록 다리는 6개씩 늘어나므로 6단 곱셈구구를 이용해요.

01 241008-0107
그림을 보고 ☐ 안에 알맞은 수를 써넣으세요.

$3 \times$ ☐ $=$ ☐

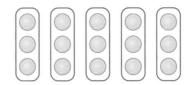

02 241008-0108
수직선을 보고 ☐ 안에 알맞은 수를 써넣으세요.

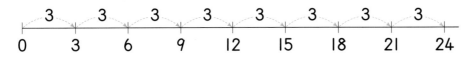

$3 \times$ ☐ $=$ ☐

03 241008-0109
$3 \times 4 = 12$입니다. 3×6은 12보다 얼마만큼 더 큰지 ◯를 그려서 나타내고 구해 보세요.

( )

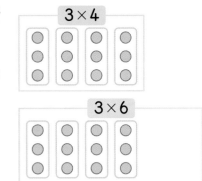

04 241008-0110
쌓기나무를 6개씩 쌓았습니다. 전체 쌓기나무의 수를 곱셈식으로 나타내 보세요.

( )

05 241008-0111
빈칸에 알맞은 수를 써넣으세요.

×	2	4	5	9
3				
6				

중요
06 241008-0112
곱이 같은 것끼리 이어 보세요.

3×4 ·   · 6×3

3×2 ·   · 6×2

3×6 ·   · 6×1

07 241008-0113

예서는 수학 문제집을 하루에 3쪽씩 9일 동안 풀었습니다. 예서가 푼 수학 문제집은 모두 몇 쪽일까요?

(   )

중요
08 241008-0114

한 봉지에 6개씩 7봉지에 들어 있는 쿠키의 수를 구하는 방법을 <u>잘못</u> 말한 사람의 이름을 써 보세요.

> 나연: 6씩 7번 더하면 구할 수 있어.
> 시영: 6×6에 6을 더해서 구할 수 있어.
> 윤주: 6+7을 계산해서 구해.

(   )

09 241008-0115

무당벌레를 보고 ☐ 안에 알맞은 수를 써넣으세요.

무당벌레 한 마리의 다리는 ☐ 개이므로 무당벌레 8마리의 다리는 ☐ 개입니다.

도전
10 241008-0116

상자 한 개에 초콜릿이 6개씩 들어 있습니다. 주황색 초콜릿 상자가 4개, 초록색 초콜릿 상자가 5개라면 초콜릿은 모두 몇 개일까요?

(   )

도움말 주황색 상자와 초록색 상자에 들어 있는 초콜릿의 수를 각각 구하여 더할 수도 있고, 상자가 모두 몇 개인지 알아본 후 초콜릿의 수를 구할 수도 있습니다.

 실생활 활용 문제 241008-0117

11 영서의 일기를 보고 물음에 답하세요.

○○월 ○○일 맑음

오늘 장난감 가게에 갔다. 진열대에 장난감 자동차가 그림과 같이 놓여 있었다. 장난감 자동차가 모두 몇 개인지 궁금했다.

(1) 6단 곱셈구구를 이용하여 장난감 자동차의 수를 구해 보세요.

6×☐=☐

(2) 3단 곱셈구구를 이용하여 장난감 자동차의 수를 구해 보세요.

3×☐=☐

개념 4 4단, 8단 곱셈구구를 알아볼까요

• 4단 곱셈구구 알아보기

	$4 \times 1 = 4$
	$4 \times 2 = 8$
	$4 \times 3 = 12$
	$4 \times 4 = 16$

$4 \times 1 = 4$
$4 \times 2 = 8$
$4 \times 3 = 12$
$4 \times 4 = 16$
$4 \times 5 = 20$
$4 \times 6 = 24$
$4 \times 7 = 28$
$4 \times 8 = 32$
$4 \times 9 = 36$

➡ 4단 곱셈구구에서 곱하는 수가 1씩 커지면 그 곱은 4씩 커집니다.

• 4×4는 4×3보다 얼마만큼 더 큰지 알아보기

➡ 4×4는 4×3보다 4만큼 더 큽니다.

• 8단 곱셈구구 알아보기

	$8 \times 1 = 8$
	$8 \times 2 = 16$
	$8 \times 3 = 24$
	$8 \times 4 = 32$

$8 \times 1 = 8$
$8 \times 2 = 16$
$8 \times 3 = 24$
$8 \times 4 = 32$
$8 \times 5 = 40$
$8 \times 6 = 48$
$8 \times 7 = 56$
$8 \times 8 = 64$
$8 \times 9 = 72$

➡ 8단 곱셈구구에서 곱하는 수가 1씩 커지면 그 곱은 8씩 커집니다.

• 4×7을 계산하는 방법
① 4씩 7번 더하면 28입니다.
② 4×7
$= 4 + 4 + 4 + 4 + 4 + 4 + 4$
$= 28$
③ 4×6에 4를 더하면 28입니다.
$4 \times 6 = 24$
$4 \times 7 = 28$ ⎫ $+4$

• 8×7을 계산하는 방법
① 8씩 7번 더하면 56입니다.
② 8×7
$= 8 + 8 + 8 + 8 + 8 + 8 + 8$
$= 56$
③ 8×6에 8을 더하면 56입니다.
$8 \times 6 = 48$
$8 \times 7 = 56$ ⎫ $+8$

문제를 풀며 이해해요

241008-0118

1 ♣의 수를 구하려고 합니다. ☐ 안에 알맞은 수를 써넣으세요.

(1)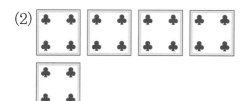

$4 \times 2 = \boxed{}$

(2)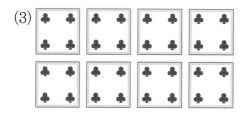

$4 \times \boxed{} = \boxed{}$

(3)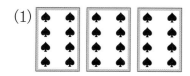

$4 \times \boxed{} = \boxed{}$

4단, 8단 곱셈구구의 원리를 이해하고 있는지 묻는 문제예요.

카드 한 장에 ♣가 4개씩 있으므로 4단 곱셈구구를 이용해요.

241008-0119

2 ♠의 수를 구하려고 합니다. ☐ 안에 알맞은 수를 써넣으세요.

(1)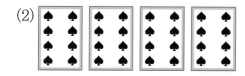

$8 \times 3 = \boxed{}$

(2)

$8 \times \boxed{} = \boxed{}$

(3)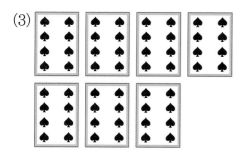

$8 \times \boxed{} = \boxed{}$

카드 한 장에 ♠가 8개씩 있으므로 8단 곱셈구구를 이용해요.

241008-0120

01 그림을 보고 ☐ 안에 알맞은 수를 써넣으세요.

$$4 \times \boxed{} = \boxed{}$$

241008-0121

02 4단 곱셈구구의 값을 찾아 이어 보세요.

4×4 ·	· 28
4×6 ·	· 24
4×7 ·	· 16

241008-0122

03 4×5를 계산하는 방법을 설명한 것입니다. ☐ 안에 알맞은 수를 써넣으세요.

• 가현: 4씩 ☐ 번 더하면 돼. • 다은: 4×4에 ☐ 을/를 더하면 돼.

241008-0123

04 그림을 보고 책상의 다리는 모두 몇 개인지 구해 보세요.

(   )

중요

05 보기 와 같이 수 카드를 한 번씩만 모두 사용하여 ☐ 안에 알맞은 수를 써넣으세요.

241008-0124

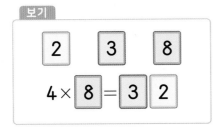

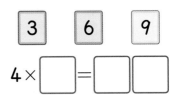

241008-0125

06 수직선을 보고 ☐ 안에 알맞은 수를 써넣으세요.

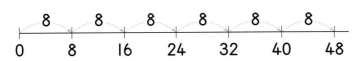

$$8 \times \boxed{} = \boxed{}$$

07 241008-0126
과자가 한 상자에 8개씩 들어 있습니다. 3상자에 들어 있는 과자의 수를 곱셈식으로 나타내 보세요.

(   )

08 241008-0127
거미 한 마리의 다리는 8개입니다. 거미 7마리의 다리는 모두 몇 개일까요?   (   )

중요
09 241008-0128
꽃의 수를 3개의 곱셈식으로 나타내 보세요.

(,   ,   )

도전
10 241008-0129
다음에서 설명하는 수를 구해 보세요.

> • 8단 곱셈구구의 수입니다.
> • 숫자 4가 있습니다.
> • 5단 곱셈구구의 수입니다.

(   )

도움말   먼저 8단 곱셈구구의 수를 알아본 후 이 중 숫자 4가 있는 수를 찾아봅니다.

 실생활 활용 문제   241008-0130

11   승희의 일기를 보고 물음에 답하세요.

○○월 ○○일 맑음

친구와 함께 쿠키를 사러 갔다. 그림과 같이 쿠키가 놓여 있었는데 쿠키가 모두 몇 개인지 궁금했다. 나는 쿠키를 사서 친구와 맛있게 먹었다.

(1) 8단 곱셈구구를 이용하여 쿠키의 수를 구해 보세요.

8 × ☐ = ☐

(2) 4단 곱셈구구를 이용하여 쿠키의 수를 구해 보세요.

4 × ☐ = ☐

교과서
개념 배우기

개념 5 7단 곱셈구구를 알아볼까요

• 7단 곱셈구구 알아보기

	$7 \times 1 = 7$
	$7 \times 2 = 14$
	$7 \times 3 = 21$
	$7 \times 4 = 28$

➡ 7단 곱셈구구에서 곱하는 수가 1씩 커지면 그 곱은 7씩 커집니다.

$7 \times 1 = 7$
$7 \times 2 = 14$
$7 \times 3 = 21$
$7 \times 4 = 28$
$7 \times 5 = 35$
$7 \times 6 = 42$
$7 \times 7 = 49$
$7 \times 8 = 56$
$7 \times 9 = 63$

• **7×5를 계산하는 방법**
① 7×4에 7을 더하면 35입니다.
② 5씩 7묶음이라고 생각하면 $5 \times 7 = 35$와 같습니다.

개념 6 9단 곱셈구구를 알아볼까요

• 9단 곱셈구구 알아보기

	$9 \times 1 = 9$
	$9 \times 2 = 18$
	$9 \times 3 = 27$
	$9 \times 4 = 36$

➡ 9단 곱셈구구에서 곱하는 수가 1씩 커지면 그 곱은 9씩 커집니다.

$9 \times 1 = 9$
$9 \times 2 = 18$
$9 \times 3 = 27$
$9 \times 4 = 36$
$9 \times 5 = 45$
$9 \times 6 = 54$
$9 \times 7 = 63$
$9 \times 8 = 72$
$9 \times 9 = 81$

• **9×6을 계산하는 방법**
① 9×5에 9를 더하면 54입니다.
② $9 \times 2 = 18$과 $9 \times 4 = 36$을 더하면 54입니다.

문제를 풀며 이해해요

241008-0131

1 풀의 수를 구하려고 합니다. ☐ 안에 알맞은 수를 써넣으세요.

(1)

$7 \times 2 = \boxed{}$

7단, 9단 곱셈구구의 원리를 이해하고 있는지 묻는 문제예요.

(2)

$7 \times \boxed{} = \boxed{}$

한 상자에 풀이 7개씩 들어 있으므로 7단 곱셈구구를 이용해요.

(3)

$7 \times \boxed{} = \boxed{}$

241008-0132

2 구슬의 수를 구하려고 합니다. ☐ 안에 알맞은 수를 써넣으세요.

(1)

$9 \times 3 = \boxed{}$

한 상자에 구슬이 9개씩 들어 있으므로 9단 곱셈구구를 이용해요.

(2)

$9 \times \boxed{} = \boxed{}$

(3)

$9 \times \boxed{} = \boxed{}$

241008-0133

01 수직선을 보고 ☐ 안에 알맞은 수를 써넣으세요.

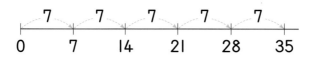

$7 \times$ ☐ $=$ ☐

241008-0134

02 빈칸에 알맞은 수를 써넣으세요.

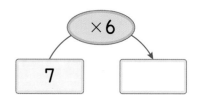

241008-0135

03 7단 곱셈구구의 값을 찾아 이어 보세요.

7×7 ·		· 63
7×4 ·		· 49
7×9 ·		· 28

중요
241008-0136

04 막대 한 개의 길이는 **7 cm**입니다. 막대 **3개**의 길이는 몇 **cm**일까요?

(   )

241008-0137

05 사탕을 한 상자에 9개씩 담았습니다. 4상자에 담긴 사탕의 수를 곱셈식으로 나타내 보세요.

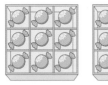

(   )

241008-0138

06 과일 가게에 멜론이 한 줄에 9통씩 5줄로 있습니다. 멜론은 모두 몇 통일까요?

(   )

중요
07 241008-0139

보기 와 같이 수 카드를 한 번씩만 모두 사용하여 ☐ 안에 알맞은 수를 써넣으세요.

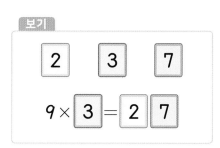

보기

$$2 \quad 3 \quad 7$$

$$9 \times \boxed{3} = \boxed{2}\,\boxed{7}$$

$$4 \quad 5 \quad 6$$

$$9 \times \boxed{} = \boxed{}\,\boxed{}$$

08 241008-0140

☐ 안에 알맞은 수를 써넣으세요.

$$6 \times 3 = 9 \times \boxed{}$$

09 241008-0141

빵이 한 봉지에 9개씩 7봉지 있습니다. 빵의 수를 구하는 방법을 잘못 말한 사람의 이름을 써 보세요.

윤재: 9×6에 9를 더해서 구할 수 있어.
현우: 9×6으로 구할 수 있어.
민준: $9 \times 3 = 27$과 $9 \times 4 = 36$을 더해서 구할 수 있어.

( )

도전

10 241008-0142

재영이는 한 봉지에 9개씩 들어 있는 초코바를 8봉지 샀습니다. 이 초코바를 한 명에게 7개씩 6명에게 나누어 주었다면 남은 초코바는 몇 개일까요? ( )

도움말 산 초코바의 수와 나누어 준 초코바의 수를 각각 구한 후 그 차를 구합니다.

실생활 활용 문제 241008-0143

11 동하와 지율이는 가위바위보를 하여 이기면 7점씩 얻는 놀이를 했습니다. 지율이가 얻은 점수는 몇 점인지 구해 보세요.

	1번	2번	3번	4번	5번	6번	7번
동하	✊	✊	✋	✋	✌	✌	✊
지율	✋	✊	✌	✊	✌	✊	✌

( )

개념 7 1단 곱셈구구와 0의 곱을 알아볼까요

- 1단 곱셈구구 알아보기

	$1 \times 1 = 1$
	$1 \times 2 = 2$
	$1 \times 3 = 3$
	$1 \times 4 = 4$

$1 \times 1 = 1$
$1 \times 2 = 2$
$1 \times 3 = 3$
$1 \times 4 = 4$
$1 \times 5 = 5$
$1 \times 6 = 6$
$1 \times 7 = 7$
$1 \times 8 = 8$
$1 \times 9 = 9$

×	1	2	3	4	5	6	7	8	9
1	1	2	3	4	5	6	7	8	9

➡ 1단 곱셈구구표에서 윗줄과 아랫줄의 수는 모두 같습니다.

➡ $1 \times$ (어떤 수) $=$ (어떤 수)

- **1과 어떤 수의 곱**
  1과 어떤 수의 곱은 항상 어떤 수입니다.

  $1 \times$ (어떤 수) $=$ (어떤 수)

- **어떤 수와 1의 곱**
  어떤 수와 1의 곱은 항상 어떤 수입니다.

  (어떤 수) $\times 1 =$ (어떤 수)

- 0의 곱 알아보기

  과녁에 화살을 쏘아 적힌 수만큼 점수를 얻는 놀이를 하였습니다.
  화살을 7번 쏘았을 때 얻은 점수를 알아보세요.

과녁에 적힌 수	0	1	2	3
맞힌 화살 수(개)	2	3	2	0
점수(점)	$0 \times 2 = 0$	$1 \times 3 = 3$	$2 \times 2 = 4$	$3 \times 0 = 0$

➡ 얻은 점수: $0 + 3 + 4 + 0 = 7$(점)

- **0과 어떤 수의 곱**
  0과 어떤 수의 곱은 항상 0입니다.

  $0 \times$ (어떤 수) $= 0$

- **어떤 수와 0의 곱**
  어떤 수와 0의 곱은 항상 0입니다.

  (어떤 수) $\times 0 = 0$

문제를 풀며 이해해요

241008-0144

1 꽃의 수를 구하려고 합니다. ☐ 안에 알맞은 수를 써넣으세요.

(1)

$1 \times 2 = \boxed{}$

 1단 곱셈구구와 0의 곱의 원리를 이해하고 있는지 묻는 문제예요.

(2)

$1 \times \boxed{} = \boxed{}$

한 화분에 꽃이 1송이씩이므로 1단 곱셈구구를 이용해요.

(3)

$1 \times \boxed{} = \boxed{}$

241008-0145

2 물고기의 수를 구하려고 합니다. ☐ 안에 알맞은 수를 써넣으세요.

(1)

$0 \times 1 = \boxed{}$

어항에 물고기가 한 마리도 들어 있지 않으므로 0의 곱을 이용해요.

(2)

$0 \times \boxed{} = \boxed{}$

(3)

$0 \times \boxed{} = \boxed{}$

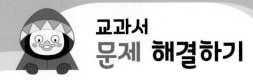

241008-0146

01 접시에 빵이 1개씩 놓여 있습니다. 접시에 놓여 있는 빵은 모두 몇 개일까요?

( )

241008-0147

02 곱의 크기를 비교하여 ○ 안에 >, =, <를 알맞게 써넣으세요.

4×1 ○ 1×5

241008-0148

03 모자 한 개에 리본이 1개씩 붙어 있습니다. 모자 7개에 있는 리본은 모두 몇 개인지 곱셈식으로 나타내 보세요.

( )

241008-0149

04 곱셈을 이용하여 빈칸에 알맞은 수를 써넣으세요.

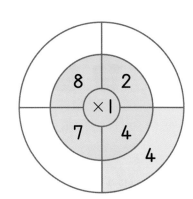

중요 241008-0150

05 빈칸에 알맞은 수를 써넣으세요.

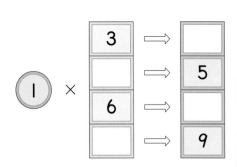

241008-0151

06 컵케이크는 모두 몇 개인지 곱셈식으로 나타내 보세요.

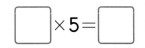

$\square \times 5 = \square$

중요
07 241008-0152
□ 안에 알맞은 수를 써넣으세요.

$$4 \times \boxed{} = 9 \times 0$$

241008-0153
08 ♥에 알맞은 수를 구해 보세요.

$$1 \times 8 = ♣ \qquad ♣ \times 1 = ♥$$

(   )

241008-0154
09 연필을 한 명에게 1자루씩 9명에게 나누어 주었습니다. 나누어 준 연필은 몇 자루일까요?

(   )

도전
10 241008-0155
가은이는 원판을 돌리고 멈추었을 때 가리키는 수만큼 점수를 얻는 놀이를 하였습니다. 가은이가 원판을 10번 돌렸을 때 원판에 적힌 수와 나온 횟수는 다음과 같습니다. 가은이가 얻은 점수는 모두 몇 점일까요?

원판에 적힌 수	0	3	6	9
나온 횟수(번)	4	3	2	1

(   )

도움말 원판에 적힌 수와 나온 횟수를 곱하여 각각의 점수를 구한 후 더합니다.

실생활 활용 문제 241008-0156

11 세진이가 은서에게 쓴 쪽지를 보고 □ 안에 알맞은 수를 써넣으세요.

은서야, 어제 기범이와 화살 던지기 놀이를 했어. 화살을 통에 넣으면 1점, 넣지 못하면 0점을 얻는 거야. 나는 화살을 6개 넣었고, 2개는 넣지 못했어.

그래서 내가 얻은 점수는 $\boxed{} \times 6 = \boxed{}$, $\boxed{} \times 2 = \boxed{}$ 이므로 모두 $\boxed{}$ 점이

었어. 내가 기범이보다 점수를 더 얻어서 기분이 좋았어.

개념 8 곱셈표를 만들어 볼까요

• 곱셈표에서 곱셈구구 살펴보기

×	1	2	3	4	5	6	7	8	9
1	1	2	3	4	5	6	7	8	9
2	2	4	6	8	10	12	14	16	18
3	3	6	9	12	15	18	21	24	27
4	4	8	12	16	20	24	28	32	36
5	5	10	15	20	25	30	35	40	45
6	6	12	18	24	30	36	42	48	54
7	7	14	21	28	35	42	49	56	63
8	8	16	24	32	40	48	56	64	72
9	9	18	27	36	45	54	63	72	81

— 3씩 커집니다.

점선을 따라 접었을 때 만나는 수들은 서로 같습니다.

• 같은 줄의 수는 일정하게 커집니다.
  ➡ ●단 곱셈구구에서는 곱이 ● 씩 커집니다.

• **3**단 곱셈구구에서는 곱이 **3**씩 커집니다.
• **2**단, **4**단, **6**단, **8**단 곱셈구구의 곱은 항상 짝수입니다.
• **5**단 곱셈구구의 곱은 일의 자리 숫자가 **5**, **0**으로 반복되고 있습니다.

• 6×4와 4×6 알아보기
  위 곱셈표에서 6×4와 4×6을 찾아 색칠해 보면 각각 **24**입니다.

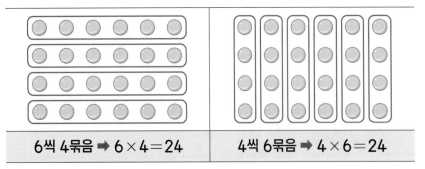

| 6씩 4묶음 ➡ $6 \times 4 = 24$ | 4씩 6묶음 ➡ $4 \times 6 = 24$ |

6×4와 4×6의 곱은 **24**로 같습니다.
➡ 곱셈에서 곱하는 두 수의 순서를 서로 바꾸어 곱해도 곱은 같습니다.

• 곱하는 두 수의 순서를 서로 바꾸어 곱해도 곱은 같습니다.

$$■ \times ● = ♥, \quad ● \times ■ = ♥$$

• 곱이 **12**인 곱셈구구
  $2 \times 6 = 12, 6 \times 2 = 12$
  $3 \times 4 = 12, 4 \times 3 = 12$
• 곱이 **18**인 곱셈구구
  $2 \times 9 = 18, 9 \times 2 = 18$
  $3 \times 6 = 18, 6 \times 3 = 18$
• 곱이 **24**인 곱셈구구
  $3 \times 8 = 24, 8 \times 3 = 24$
  $4 \times 6 = 24, 6 \times 4 = 24$

문제를 풀며 이해해요

241008-0157

1 빈칸에 알맞은 수를 써넣어 곱셈표를 완성해 보세요.

(1)

×	6	7
2		
3		

(2)

×	8	9
4		
5		

(3)

×	3	4	5
3			
4			
5			

(4)

×	6	7	8
6			
7			
8			

(5)

×	1	2	3	4	5	6	7	8	9
7									
8									
9									

곱셈표를 완성하고, 곱하는 두 수의 순서를 바꾸어 곱해도 곱이 같음을 이해하는지 묻는 문제예요.

곱이 얼마씩 커지는지 생각해 보아요. ●단 곱셈구구에서 곱은 ●씩 커져요.

241008-0158

2 그림을 보고 곱셈식을 만들어 보세요.

(1)

$5 \times \boxed{} = \boxed{}$

$3 \times \boxed{} = \boxed{}$

(2)

$4 \times \boxed{} = \boxed{}$

$9 \times \boxed{} = \boxed{}$

몇씩 몇 묶음인지 묶어 보고 곱셈식으로 나타내 보아요.

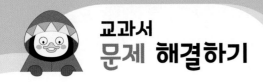

교과서 문제 해결하기

[01~03] 곱셈표를 보고 물음에 답하세요.

×	1	2	3	4	5	6	7	8	9
3	3	6	9	12				24	27
4	4	8	12		20	24	28	32	36
5	5	10		20	25		35		45
6	6	12	18	24		36	42		

241008-0159

01 빈칸에 알맞은 수를 써넣어 곱셈표를 완성해 보세요.

중요
241008-0160
02 4단 곱셈구구에서는 곱이 얼마씩 커지나요?

(   )

241008-0161
03 곱이 5씩 커지는 곱셈구구는 몇 단인가요?

(   )

241008-0162
04 곱셈표를 완성하고 곱이 30보다 크고 60보다 작은 칸에 모두 색칠해 보세요.

×	1	2	3	4	5	6	7	8	9
8									
9									

[05~07] 곱셈표를 보고 물음에 답하세요.

×	1	2	3	4	5	6	7	8	9
4	4					24			36
5	5	10			25		㉠		
6	6	12	18		30				
7	7					♥		56	
8	8			㉡			56		

241008-0163
05 ♥에 알맞은 수를 구하는 곱셈식을 2개 써 보세요.

(,   )

241008-0164
06 ㉠과 ㉡에 알맞은 수의 합을 구해 보세요.

(   )

241008-0165
07 8×7과 곱이 같은 곱셈구구를 써 보세요.

(   )

[08~09] 곱셈표를 보고 물음에 답하세요.

×	3	4	5	6	7	8	9
4				24			36
5			25				
6	18		30				
7						56	
8					56		
9							

241008-0166

08 빈칸에 알맞은 수를 써넣어 곱셈표를 완성해 보세요.

중요
241008-0167

09 곱이 36인 곱셈구구를 모두 써 보세요.

_____

_____

도전 ▲ 241008-0168

10 빈칸에 알맞은 수를 써넣어 곱셈표를 완성해 보세요.

×				
	8	10	12	14
	16	20	24	28
	24	30	36	42
	32	40	48	56

도움말 각 줄의 수들이 몇씩 커지는지 알아봅니다.

 실생활 활용 문제 241008-0169

11 소빈이와 민준이가 '어떤 수를 맞혀라!' 놀이를 했습니다. 어떤 수를 구해 보세요.

> • **9**단 곱셈구구의 수입니다.
> • 짝수입니다.
> • 십의 자리 숫자는 **70**을 나타냅니다.

(   )

개념 **9** 곱셈구구를 이용하여 문제를 해결해 볼까요

• 곱셈구구를 이용하여 빵의 수 구하기

- 빵의 수는 5 × 4로 구할 수 있습니다.
- 빵의 수는 4단 곱셈구구를 이용하여 구할 수도 있습니다.
  4 × 5로 구하면 모두 4 × 5 = 20입니다.

• 곱셈구구를 이용하여 바나나의 수 구하기

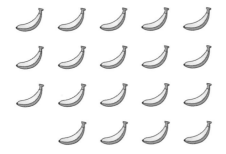

방법1 1 × 3과 4 × 4를 더하면 3 + 16 = 19입니다.

방법2 5 × 4에서 1을 빼면 20 − 1 = 19입니다.

• 곱셈구구를 이용하여 연결 모형의 수 구하기

방법1 5 × 3과 4 × 3을 더하면 15 + 12 = 27입니다.

방법2 5 × 6에서 3을 빼면 30 − 3 = 27입니다.

• **곱셈구구를 이용하여 문제 해결하기**

① 문제에서 구하려고 하는 것이 무엇인지 알아봅니다.

② 주어진 것을 살펴봅니다.

③ 적절한 곱셈구구를 찾아 문제를 해결합니다.

바나나를 나누어 곱셈구구를 이용하여 1 × 3과 4 × 4를 더하면 19입니다.

연결 모형을 나누어 곱셈구구를 이용하여 5 × 3과 4 × 3을 더하면 27입니다.

문제를 풀며 이해해요

241008-0170

1 그림을 보고 □ 안에 알맞은 수를 써넣으세요.

(1)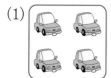

4 × □ = □

(2)

6 × □ = □

(3)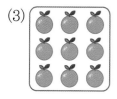

9 × □ = □

241008-0171

2 연결 모형의 수를 구해 보세요.

(1) 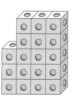 (2)

4 × □ 와/과 3 × □ 을/를   5 × □ 에서 4를 빼면

더하면 □ 입니다.   □ 입니다.

곱셈구구를 이용하여 문제를 해결할 수 있는지 묻는 문제예요.

몇씩 몇 묶음인지 알아본 후 곱셈구구를 이용해 보아요.

곱셈구구를 이용하여 나눈 부분을 더하거나 전체에서 부분을 빼서 해결해 보아요.

교과서
문제 해결하기

241008-0172

01 그림을 보고 ☐ 안에 알맞은 수를 써넣으세요.

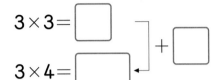

$3 \times 3 = $ ☐

$3 \times 4 = $ ☐ ← $+$ ☐

241008-0173

02 ☐ 안에 알맞은 수를 써넣으세요.

(1) $3 \times$ ☐ $= 27$

(2) $5 \times$ ☐ $= 30$

241008-0174

03 ☐ 안에 알맞은 수를 써넣으세요.

(1) ☐ $\times 8 = 8$

(2) ☐ $\times 7 = 0$

241008-0175

04 연필 한 자루의 길이는 9 cm입니다. 연필 3자루를 이은 길이는 몇 cm일까요?

9 cm

( )

중요

05 241008-0176

잠자리 한 마리의 다리는 6개입니다. 잠자리 4마리의 다리는 모두 몇 개일까요?

( )

241008-0177

06 접시 한 개에 꿀떡을 7개씩 놓으려고 합니다. 접시 9개에 놓으려면 꿀떡이 모두 몇 개 필요할까요?

( )

07 오른쪽에서 설명하는 수를 구해 보세요.

241008-0178

(   )

- 9단 곱셈구구의 수입니다.
- 홀수입니다.
- 4×6보다 크고 6×6보다 작습니다.

08 ⊙는 모두 몇 개인지 구해 보세요.

241008-0179

(   )

⊙ ⊙ ⊙ ⊙ ⊙ ⊙
⊙ ⊙ ⊙ ⊙ ⊙ ⊙
⊙ ⊙ ⊙ ⊙ ⊙ ⊙
⊙ ⊙ ⊙

중요

09 곱셈구구를 이용하여 연결 모형의 수를 구해 보세요.

241008-0180

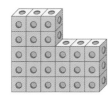

$6 \times \boxed{}$ 와/과 $3 \times \boxed{}$ 을/를 더하면 $\boxed{}$ 입니다.

도전

10 공깃돌을 적게 가지고 있는 사람부터 순서대로 이름을 써 보세요.

241008-0181

소빈: 나는 공깃돌을 4개씩 9봉지 가지고 있어.
영서: 난 공깃돌을 7개씩 5봉지 가지고 있어.
민정: 나의 공깃돌은 영서보다 1개 더 적어.

(   )

도움말 각자 가지고 있는 공깃돌의 수를 구한 후 비교해 봅니다.

실생활 활용 문제

241008-0182

11 동하 이모의 나이는 몇 살인지 구해 보세요.

동하의 나이는 9살입니다. 동하 이모의 나이는 동하 나이의 5배입니다.

(   )

241008-0183

01 그림을 보고 □ 안에 알맞은 수를 써넣으세요.

$$5 \times \boxed{} = \boxed{}$$

241008-0184

02 수직선을 보고 □ 안에 알맞은 수를 써넣으세요.

$$3 \times \boxed{} = \boxed{}$$

241008-0185

03 사탕의 수를 알아보는 방법입니다. □ 안에 알맞은 수를 써넣으세요.

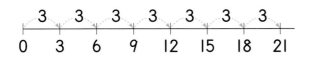

방법1 6씩 □ 번 더해서 구합니다.

방법2 6×3에 □ 을/를 더해서 구합니다.

방법3 $6 \times$ □ (으)로 구합니다.

241008-0186

04 곱이 같은 것끼리 이어 보세요.

2×8	·	·	7×0
0×3	·	·	4×4
3×6	·	·	6×3

중요

05 ☆의 수를 2가지 곱셈식으로 나타내 보세요.

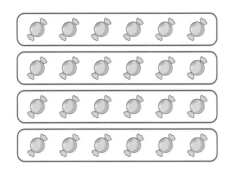

(,   )

241008-0188

06 연필은 모두 몇 자루인지 구해 보세요.

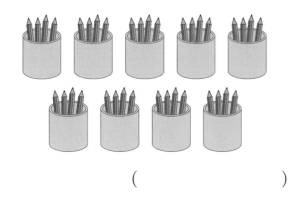

( )

241008-0189

07 빈칸에 알맞은 수를 써넣으세요.

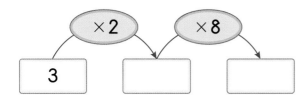

241008-0190

08 어떤 수에 9를 곱해야 할 것을 잘못해서 6을 곱했더니 30이 되었습니다. 바르게 계산하면 얼마인지 구해 보세요.

( )

241008-0191

09 다음에서 설명하는 수를 구해 보세요.

- 7단 곱셈구구의 수입니다.
- 6×5보다 작습니다.
- 4단 곱셈구구에도 있습니다.

( )

241008-0192

10 ㉠과 ㉡에 알맞은 수의 곱을 구해 보세요.

- $2 \times ㉠ = 18$
- $㉡ \times 8 = 64$

( )

241008-0193

11 □ 안에 공통으로 들어갈 수를 구해 보세요.

$$6 \times \square = 6$$
$$\square \times 7 = 7$$
$$\square \times 4 = 4$$

( )

241008-0194

12 어떤 수는 얼마인지 구해 보세요.

5와 어떤 수의 곱은
0이야.

시헌

( )

[13~15] 곱셈표를 보고 물음에 답하세요.

×	1	2	3	4	5	6	7	8	9
3	3	6	9	12	15	18	21	24	27
4	4	8	12	16	20	24	28	32	36
5	5	10	15	20	25	30	35	40	45
6	6	12	18	24	30	36	42	48	♥
7	7	14	21	28	35	42	49	56	63
8	8	16	24	32	40	48	56	64	72
9	9	18	27	36	45	54	63	72	81

241008-0195

13 4씩 커지는 곱셈구구는 몇 단인지 써 보세요.

( )

241008-0196

14 6단에서 곱이 ♥인 곱셈구구는 6 × 9입니다. 다른 단에서 곱이 ♥인 곱셈구구를 찾아 써 보세요.

( )

241008-0197

15 곱셈표에서 3 × 8과 곱이 같은 곱셈구구를 모두 찾아 써 보세요.

( )

241008-0198

16 윤서와 석현이는 가지고 있는 공에 적힌 두 수의 곱이 더 큰 사람이 이기는 놀이를 하였습니다. 놀이에서 이긴 사람의 이름을 써 보세요.

윤서　　　　　　석현

(　　　　　　)

241008-0199

17 장난감 가게에 인형이 한 줄에 7개씩 5줄로 놓여 있었습니다. 그중에서 8개가 팔렸다면 남은 인형은 몇 개일까요?

(　　　　　　)

241008-0200

18 나연이네 반 학생은 4명씩 5모둠이고, 나머지 한 모둠은 6명입니다. 나연이네 반 학생은 모두 몇 명일까요?

(　　　　　　)

도전 241008-0201

19 서연이는 카드를 뒤집어 카드에 적힌 수만큼 점수를 얻는 놀이를 하였습니다. 서연이가 0이 적힌 카드를 4번, 1이 적힌 카드를 3번, 2가 적힌 카드를 1번, 3이 적힌 카드를 5번, 4가 적힌 카드를 2번 뒤집었습니다. 서연이가 얻은 점수는 모두 몇 점일까요?

(　　　　　　)

서술형 241008-0202

20 은성이는 친구들에게 나누어 주려고 한 봉지에 5개씩 들어 있는 젤리를 8봉지 준비하였습니다. 젤리를 한 명에게 3개씩 9명에게 나누어 주었다면 남은 젤리는 몇 개인지 풀이 과정을 쓰고 답을 구해 보세요.

풀이

(1) 은성이가 준비한 젤리는
$5 \times ($ 　　　 $) = ($ 　　　 $)$(개)입니다.

(2) 은성이가 나누어 준 젤리는
$3 \times ($ 　　　 $) = ($ 　　　 $)$(개)입니다.

(3) 따라서 남은 젤리는
(　　　) $-$ (　　　)
$= ($ 　　　 $)$(개)입니다.

답 _____

3

길이 재기

해당 부분을 공부하고 나서 ✓표를 하세요.

단원 학습 목표

1. 1 m를 이해하고 m와 cm의 관계를 알 수 있습니다.
2. 자로 길이를 재어 '몇 m 몇 cm'로 나타낼 수 있습니다.
3. '몇 m 몇 cm'로 나타낸 길이의 합과 차를 구할 수 있습니다.
4. 1 m가 어느 정도 되는지 알 수 있고, 물건의 길이를 어림하여 나타낼 수 있습니다.
5. 길이를 어림하는 다양한 방법을 알 수 있습니다.

단원 진도 체크

회차		학습 내용	진도 체크
1차	교과서 개념 배우기 + 문제 해결하기	**개념 1** cm보다 더 큰 단위를 알아볼까요 **개념 2** 자로 길이를 재어 볼까요	✓
2차	교과서 개념 배우기 + 문제 해결하기	**개념 3** 길이의 합을 구해 볼까요 **개념 4** 길이의 차를 구해 볼까요	✓
3차	교과서 개념 배우기 + 문제 해결하기	**개념 5** 길이를 어림해 볼까요(1) **개념 6** 길이를 어림해 볼까요(2)	✓
4차	단원평가로 완성하기	단원평가를 통해 단원 학습 내용을 확인해 보아요	✓

해당 부분을 공부하고 나서 ✓표를 하세요.

지석이네 반 친구들은 선생님과 함께 작품 전시회를 준비하고 있어요. 친구들은 작품 전시회를 위해 가을 협동화를 그렸어요. 협동화를 전시하기 위해 협동화의 가로의 길이와 세로의 길이를 재어야 해요.

이번 3단원에서는 길이를 재어 보고, 길이의 합과 차를 구해 볼 거예요.

개념 1 cm보다 더 큰 단위를 알아볼까요

• 1 m 알아보기

100 cm는 1 m와 같습니다. 1 m는 1미터라고 읽습니다.

$$100 \, cm = 1 \, m$$

• 1 m가 넘는 길이 알아보기

140 cm는 1 m보다 40 cm 더 깁니다.

140 cm를 1 m 40 cm라고도 씁니다.

1 m 40 cm를 1미터 40센티미터라고 읽습니다.

$$140 \, cm = 1 \, m \, 40 \, cm$$

• 1 m는 1 cm를 100번, 10 cm를 10번 이은 것과 같습니다.

• 140 cm
= 100 cm + 40 cm
= 1 m + 40 cm
= 1 m 40 cm

• 250 cm
= 200 cm + 50 cm
= 2 m + 50 cm
= 2 m 50 cm

개념 2 자로 길이를 재어 볼까요

• 줄자로 길이를 재는 방법

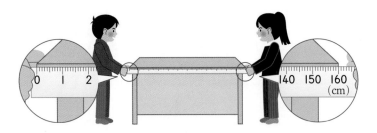

① 책상의 한끝을 줄자의 눈금 0에 맞춥니다.

② 책상의 다른 쪽 끝에 있는 줄자의 눈금을 읽습니다.

➡ 눈금이 160이므로 책상의 길이는 1 m 60 cm입니다.

• 1 m보다 더 긴 길이를 잴 때에는 줄자를 사용하면 편리합니다.

[1~3] 그림을 보고 길이를 두 가지 방법으로 나타내 보세요.

241008-0203

1

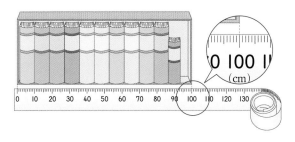

$\boxed{}$ cm $=$ $\boxed{}$ m

cm보다 더 큰 단위를 알고 있는지 묻는 문제예요.

길이가 몇 cm인지 확인해 보아요.

241008-0204

2

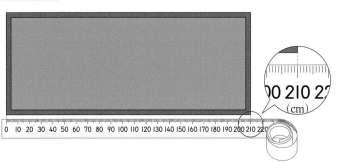

$\boxed{}$ cm $=$ $\boxed{}$ m $\boxed{}$ cm

100 cm보다 더 긴 길이는 100 cm $=$ 1 m임을 이용하여 몇 m 몇 cm로 나타낼 수 있어요.

241008-0205

3

$\boxed{}$ cm $=$ $\boxed{}$ m $\boxed{}$ cm

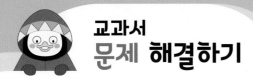

241008-0206

01 그림을 보고 ☐ 안에 알맞은 수를 써넣으세요.

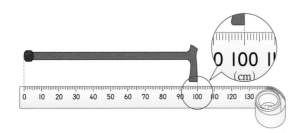

지팡이의 길이는 ☐ m입니다.

241008-0207

02 ☐ 안에 알맞은 수를 써넣으세요.

(1) 4 m = ☐ cm

(2) 953 cm = ☐ m ☐ cm

241008-0208

03 길이를 읽어 보세요.

2 m 60 cm ➡ (   )

241008-0209

04 관계있는 것끼리 이어 보세요.

5 m 87 cm ·   · 507 cm

5 m 7 cm ·   · 570 cm

5 m 70 cm ·   · 587 cm

중요
241008-0210

05 리본의 길이를 두 가지 방법으로 나타내 보세요.

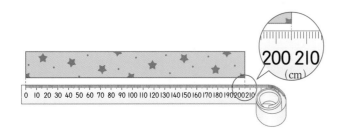

☐ cm = ☐ m ☐ cm

06 241008-0211
줄넘기의 길이는 190 cm입니다. 줄넘기의 길이는 몇 m 몇 cm일까요? ( )

07 241008-0212
놀이터에 있는 정글짐의 높이는 2 m 15 cm입니다. 정글짐의 높이는 몇 cm일까요?

( )

중요
08 241008-0213
길이가 긴 것부터 순서대로 기호를 써 보세요.

> ㉠ 823 cm　　㉡ 8 m 32 cm　　㉢ 8 m 4 cm　　㉣ 830 cm

( )

09 241008-0214
cm와 m 중 알맞은 단위를 써넣으세요.

(1) 빨대의 길이는 약 20 ☐ 입니다.　　(2) 침대의 긴 쪽의 길이는 약 2 ☐ 입니다.

(3) 건물의 높이는 약 25 ☐ 입니다.　　(4) 식탁의 높이는 약 70 ☐ 입니다.

도전
10 241008-0215
탑의 높이는 10 m보다 40 cm 더 높습니다. 탑의 높이는 몇 cm일까요? ( )

도움말 1 m=100 cm임을 이용하여 10 m가 몇 cm인지 구합니다.

실생활 활용 문제 241008-0216

11 소민이와 친구들은 도서관의 짧은 쪽과 긴 쪽의 길이를 각각 줄자로 재어 짧은 쪽을 ㉠으로, 긴 쪽을 ㉡으로 표시하였습니다. 짧은 쪽과 긴 쪽의 길이는 몇 m 몇 cm인지 구해 보세요.

```
        ㉠              ㉡
        ↓               ↓
 770  780  790  8 m  810  820  830
```

㉠ 짧은 쪽의 길이 ( )，㉡ 긴 쪽의 길이 ( )

개념 3 길이의 합을 구해 볼까요

• **1 m 50 cm＋1 m 20 cm의 계산**

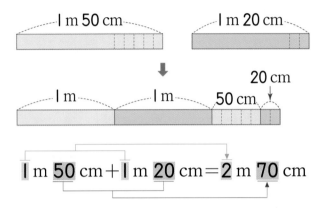

$$1 \text{ m } 50 \text{ cm}＋1 \text{ m } 20 \text{ cm}＝2 \text{ m } 70 \text{ cm}$$

➡ 길이의 합은 m는 m끼리, cm는 cm끼리 더하여 구합니다.

• m는 m끼리, cm는 cm끼리 맞추어 쓴 다음 같은 단위끼리 더합니다.

$$
\begin{array}{r}
1 \text{ m } 50 \text{ cm} \\
+\ 1 \text{ m } 20 \text{ cm} \\
\hline
2 \text{ m } 70 \text{ cm}
\end{array}
$$

개념 4 길이의 차를 구해 볼까요

• **2 m 60 cm－1 m 40 cm의 계산**

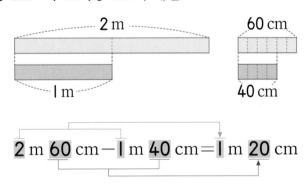

$$2 \text{ m } 60 \text{ cm}－1 \text{ m } 40 \text{ cm}＝1 \text{ m } 20 \text{ cm}$$

➡ 길이의 차는 m는 m끼리, cm는 cm끼리 빼서 구합니다.

• m는 m끼리, cm는 cm끼리 맞추어 쓴 다음 같은 단위끼리 뺍니다.

$$
\begin{array}{r}
2 \text{ m } 60 \text{ cm} \\
-\ 1 \text{ m } 40 \text{ cm} \\
\hline
1 \text{ m } 20 \text{ cm}
\end{array}
$$

문제를 풀며 이해해요

[1~2] 그림을 보고 ☐ 안에 알맞은 수를 써넣으세요.

241008-0217

1 1 m 30 cm + 2 m 40 cm의 계산

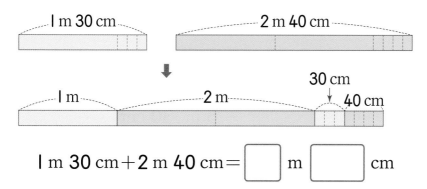

$$1\ \text{m}\ 30\ \text{cm} + 2\ \text{m}\ 40\ \text{cm} = \boxed{}\ \text{m}\ \boxed{}\ \text{cm}$$

 길이의 합과 차를 계산할 수 있는지 묻는 문제예요.

m는 m끼리, cm는 cm끼리 더해서 길이의 합을 구해요.

241008-0218

2 3 m 80 cm − 1 m 50 cm의 계산

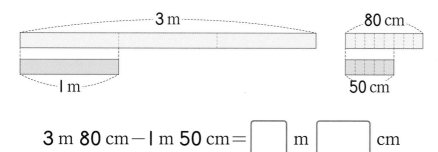

$$3\ \text{m}\ 80\ \text{cm} - 1\ \text{m}\ 50\ \text{cm} = \boxed{}\ \text{m}\ \boxed{}\ \text{cm}$$

m는 m끼리, cm는 cm끼리 빼서 길이의 차를 구해요.

241008-0219

3 길이의 합과 차를 구해 보세요.

(1)
```
      2  m   25  cm
  +   3  m   40  cm
  ─────────────────
  [   ] m  [    ] cm
```

(2)
```
      8  m   90  cm
  −   2  m   50  cm
  ─────────────────
  [   ] m  [    ] cm
```

길이의 합과 차는 자연수의 덧셈, 뺄셈과 같은 방법으로 계산해요.

241008-0220

01 □ 안에 알맞은 수를 써넣으세요.

(1) 1 m 30 cm + 4 m 55 cm = □ m □ cm

(2) 9 m 60 cm − 3 m 50 cm = □ m □ cm

241008-0221

02 계산을 하세요.

(1)
    4 m 25 cm
  + 2 m   4 cm

(2)
    7 m 92 cm
  − 5 m 30 cm

중요

03 241008-0222

계산 결과를 찾아 이어 보세요.

7 m 24 cm + 1 m 40 cm	·	·	8 m 58 cm
6 m 8 cm + 2 m 50 cm	·	·	7 m 40 cm
10 m 55 cm − 3 m 15 cm	·	·	8 m 64 cm

241008-0223

04 ○ 안에 >, =, <를 알맞게 써넣으세요.

670 cm − 3 m 50 cm ○ 3 m 10 cm

[05~06] 그림을 보고 □ 안에 알맞은 수를 써넣으세요.

241008-0224

05

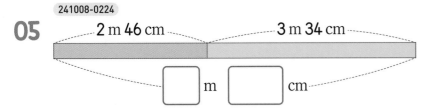

2 m 46 cm   3 m 34 cm

□ m □ cm

241008-0225

06

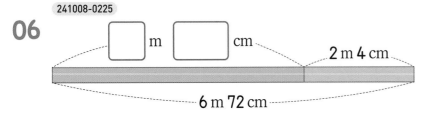

□ m □ cm

2 m 4 cm

6 m 72 cm

중요
07 241008-0226

길이가 긴 것부터 순서대로 기호를 써 보세요.

> ㉠ 2 m 10 cm + 405 cm   ㉡ 3 m 20 cm + 3 m 10 cm   ㉢ 5 m 2 cm + 1 m 90 cm

(   )

08 241008-0227

게시판의 긴 쪽의 길이는 3 m 15 cm이고 짧은 쪽의 길이는 210 cm입니다. 게시판의 긴 쪽과 짧은 쪽의 길이의 차는 몇 m 몇 cm일까요?

(   )

09 241008-0228

가장 긴 길이와 가장 짧은 길이의 합은 몇 m 몇 cm일까요?

> 3 m 40 cm   225 cm   4 m 65 cm

(   )

도전
10 241008-0229

멀리뛰기 시합에서 지수는 1 m 38 cm를 뛰었고, 승우는 152 cm를 뛰었습니다. 누가 몇 cm만큼 더 멀리 뛰었을까요?

(,   )

도움말 승우가 뛴 거리를 몇 m 몇 cm로 바꾸어 계산합니다.

11 241008-0230

인규네 학교에서 도서관과 우체국까지의 거리를 나타낸 그림입니다. 도서관과 우체국 중 어느 곳이 몇 m 몇 cm 더 가까운지 구해 보세요.

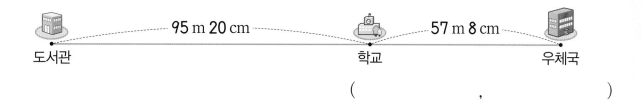

(,   )

개념 5 길이를 어림해 볼까요(1)

- 내 몸에서 약 1 m 찾기

- 한 뼘의 길이로 1 m 재기
  뼘으로 약 7번 재면 1 m입니다.

- 걸음의 길이로 1 m 재기
  걸음으로 약 2번 재면 1 m입니다.

  - 발에서 어깨까지의 높이인 약 1 m는 물건의 높이를 잴 때 좋습니다.
  - 양팔을 벌린 길이인 약 1 m는 긴 길이를 여러 번 잴 때 편리합니다.

개념 6 길이를 어림해 볼까요(2)

- 몸의 부분을 이용하여 길이를 어림하는 방법
  - 재고자 하는 길이가 내 몸의 부분의 길이로 몇 번 잰 길이와 같은지 알아보아서 길이를 어림합니다.
  - 예) 길이가 약 1 m인 양팔을 벌린 길이로 3번 잰 길이는 약 3 m입니다.

- 몸의 부분을 이용하여 어림할 때 주의할 점
  1. 몸의 부분의 길이를 알아야 합니다.
  2. 주어진 길이를 재는 데 필요한 몸의 부분을 정합니다.
  3. 단위가 일정해야 합니다.
  4. 길이를 두 번 세거나 빠뜨리지 않아야 합니다.

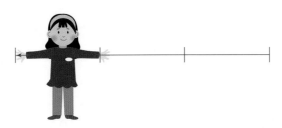

- 긴 길이를 어림하는 방법
  - 걸음으로 어림하는 것이 편리합니다.

문제를 풀며 이해해요

[1~2] 지민이의 양팔을 벌린 길이가 약 1 m일 때 책장과 게시판 긴 쪽의 길이를 구해 보세요.

241008-0231

1

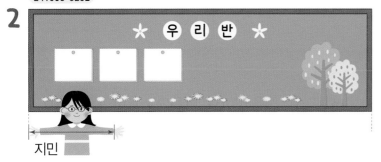

지민

약 ☐ m

241008-0232

2

약 ☐ m

[3~4] 지팡이의 길이가 약 1 m일 때 나무와 가로등의 높이를 구해 보세요.

241008-0233

3

약 1 m

약 ☐ m

241008-0234

4

약 1 m

약 ☐ m

몸의 부분이나 물체의 길이를 이용하여 물건의 길이를 잴 수 있는지 묻는 문제예요.

책장과 게시판의 길이가 양팔을 벌린 길이의 몇 배인지 확인해 보아요.

나무와 가로등의 높이가 지팡이의 길이의 몇 배인지 확인해 보아요.

241008-0235

01 약 I m의 2배 정도인 길이는 약 몇 m일까요?

약 (   )

중요
02 241008-0236

우산의 길이가 I m일 때 높이가 약 3 m인 것을 찾아 기호를 써 보세요.

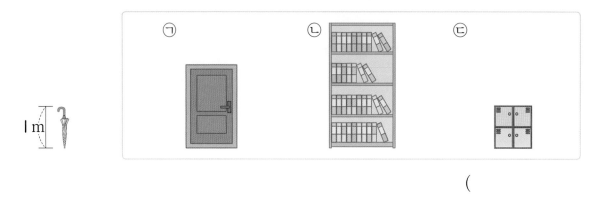

(   )

241008-0237

03 주변에 있는 물건 중에서 I m보다 짧은 것과 I m보다 긴 것을 찾아 써 보세요.

I m보다 짧은 것 (   )

I m보다 긴 것 (   )

241008-0238

04 상자 한 개의 높이가 50 cm일 때 세탁기의 높이는 약 몇 m일까요?

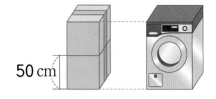

약 (   )

241008-0239

05 m를 사용하여 나타내기에 알맞은 것을 모두 고르세요. (   )

① 가위의 길이   ② 철봉의 높이   ③ 수영장의 길이

④ 연필의 길이   ⑤ 건물의 높이

[06~08] 보기 에서 알맞은 길이를 골라 문장을 완성해 보세요.

보기

25 m   80 cm   400 cm   400 m

중요 241008-0240
06 선풍기의 높이는 약 [　　　]입니다.

241008-0241
07 수영장의 길이는 약 [　　　]입니다.

241008-0242
08 호수 둘레의 길이는 약 [　　　]입니다.

241008-0243
09 방의 긴 쪽의 길이를 재려고 합니다. 가장 적은 횟수로 잴 수 있는 방법을 찾아 기호를 써 보세요.

ㄱ   ㄴ   ㄷ

(　　　　　　　)

도전 241008-0244
10 수미의 한 걸음은 약 50 cm입니다. 수미의 걸음으로 교실 짧은 쪽의 길이를 재었더니 14걸음이었습니다. 교실 짧은 쪽의 길이는 약 몇 m일까요?

약 (　　　　　　　)

도움말 한 걸음이 약 50 cm이므로 2걸음은 약 1 m입니다.

실생활 활용 문제 241008-0245

11 정민이는 친구들과 줄자를 사용하지 않고 몸의 부분을 이용하여 복도의 길이를 재려고 합니다. 어떤 방법으로 복도의 길이를 잴 수 있는지 설명해 보세요.

설명 _____

_____

241008-0246

01 ☐ 안에 알맞은 수를 써넣으세요.

> 100 cm는 ☐ m와 같습니다.

241008-0247

02 ☐ 안에 알맞은 수를 써넣으세요.

(1) 5 m = ☐ cm

(2) 714 cm = ☐ m ☐ cm

241008-0248

03 어항 긴 쪽의 길이는 몇 m 몇 cm일까요?

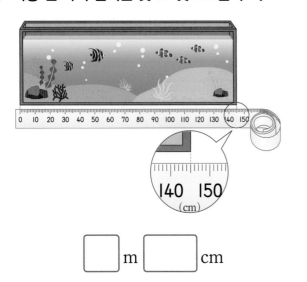

☐ m ☐ cm

241008-0249

04 길이를 바르게 읽은 것은 어느 것인가요?

(　　　　　)

> 7 m 5 cm

① 75센티미터
② 7미터 5센티미터
③ 7미터 50센티미터
④ 75미터
⑤ 705미터

중요
241008-0250

05 키가 큰 사람부터 순서대로 이름을 써 보세요.

> 지민: 132 cm
> 건희: 1 m 28 cm
> 태형: 140 cm
> 지수: 1 m 35 cm

(　　　　　　　　　　　　　)

06 241008-0251
길이의 합과 차를 구해 보세요.

(1)
$$
\begin{array}{r}
4 \text{ m} \quad 8 \text{ cm} \\
+ \quad 2 \text{ m} \quad 30 \text{ cm} \\
\hline
\boxed{} \text{ m} \quad \boxed{} \text{ cm}
\end{array}
$$

(2)
$$
\begin{array}{r}
7 \text{ m} \quad 70 \text{ cm} \\
- \quad 3 \text{ m} \quad 60 \text{ cm} \\
\hline
\boxed{} \text{ m} \quad \boxed{} \text{ cm}
\end{array}
$$

07 241008-0252
계산 결과를 찾아 이어 보세요.

1 m 65 cm
+3 m 20 cm

8 m 45 cm
− 5 cm

5 m 25 cm
−3 m 10 cm

• 4 m 85 cm

• 2 m 15 cm

• 8 m 40 cm

• 3 m 45 cm

08 241008-0253
그림을 보고 ☐ 안에 알맞은 수를 써넣으세요.

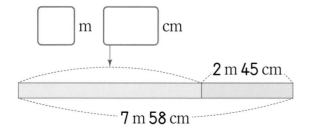

☐ m   ☐ cm

2 m 45 cm

7 m 58 cm

중요 **09** 241008-0254
빈칸에 알맞은 길이는 몇 m 몇 cm인지 써넣으세요.

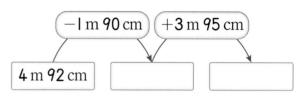

−1 m 90 cm   +3 m 95 cm

4 m 92 cm

10 241008-0255
보기 에서 알맞은 길이를 골라 문장을 완성해 보세요.

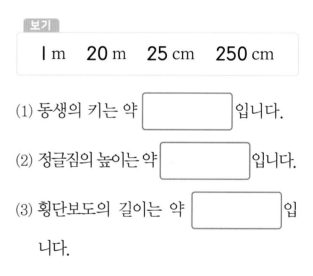

보기

1 m   20 m   25 cm   250 cm

(1) 동생의 키는 약 ☐ 입니다.

(2) 정글짐의 높이는 약 ☐ 입니다.

(3) 횡단보도의 길이는 약 ☐ 입니다.

11 241008-0256
체육관 짧은 쪽의 길이를 줄자로 재어 ↓로 표시한 것입니다. 체육관 짧은 쪽의 길이는 몇 m 몇 cm인지 써 보세요.

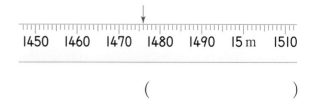

1450   1460   1470   1480   1490   15 m   1510

(   )

241008-0257

12 길이가 I m인 막대를 이용하여 자동차의 길이를 재려고 합니다. 자동차 긴 쪽의 길이는 약 몇 **m**일까요?

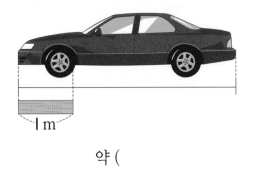

I m

약 (   )

서술형

241008-0258

13 두 색 테이프를 겹치게 이어 붙였습니다. 겹쳐진 부분인 ㉠의 길이는 몇 **m** 몇 **cm**인지 풀이 과정을 쓰고 답을 구해 보세요.

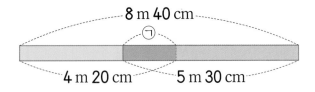

8 m 40 cm
㉠
4 m 20 cm   5 m 30 cm

풀이

(1) 두 색 테이프의 길이의 합은

    4 m 20 cm + 5 m 30 cm

    =(   ) m (   ) cm입니다.

(2) ㉠의 길이는

    (   ) m (   ) cm

    − 8 m 40 cm

    =(   ) m (   ) cm입니다.

답 _____

241008-0259

14 ○ 안에 >, =, <를 알맞게 써넣으세요.

6 m I2 cm − 305 cm ◯ 3 m 20 cm

241008-0260

15 칠판 긴 쪽의 길이를 재려고 합니다. 가장 많은 횟수로 잴 수 있는 방법의 기호를 써 보세요.

㉠   ㉡   ㉢

(   )

241008-0261

16 계산 결과가 가장 긴 것을 찾아 기호를 써 보세요.

㉠ 382 cm + 4 m 5 cm

㉡ 4 m 20 cm + 309 cm

㉢ 500 cm + 2 m

(   )

17 정연이는 집에서 수영장까지 자전거를 타고 다녀왔습니다. 정연이가 자전거를 탄 거리는 몇 m 몇 cm일까요?

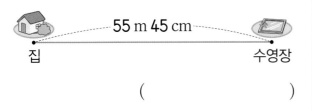

55 m 45 cm

집　　　　　　　　　　수영장

(　　　　　　　　　　)

18 수 카드 3장을 한 번씩만 사용하여 만든 가장 긴 길이와 2 m 17 cm의 차를 구해 보세요.

3　4　5

□ m □ □ cm
－　2 m 1 7 cm
□ m □ cm

19 동우의 한 걸음의 길이가 약 60 cm라면 교실 앞문에서 뒷문까지의 거리는 약 몇 m일까요?

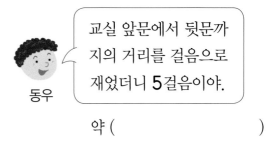

교실 앞문에서 뒷문까지의 거리를 걸음으로 재었더니 5걸음이야.

동우

약 (　　　　　　　　　　)

도전 20 지수가 집에서 학교까지 갈 때 문구점을 지나서 가는 ㉠ 길과 편의점을 지나서 가는 ㉡ 길이 있습니다. ㉠과 ㉡ 중에서 어느 길이 몇 m 몇 cm 더 짧은지 구해 보세요.

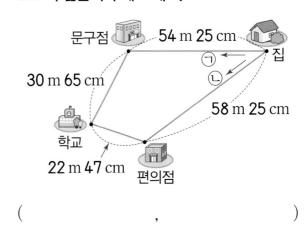

문구점　54 m 25 cm　집
30 m 65 cm　　　㉠
　　　　　　　　㉡
학교　　　　　　58 m 25 cm
22 m 47 cm　편의점

(　　　　　,　　　　　)

4

시각과 시간

단원 학습 목표

1. 시계를 보고 시각을 읽고, 시각을 시계에 나타낼 수 있습니다.
2. 시각을 '몇 시 몇 분'과 '몇 시 몇 분 전'으로 읽을 수 있습니다.
3. 60분은 l시간임을 알고 걸린 시간을 구할 수 있습니다.
4. 하루를 오전과 오후로 나누고, 하루가 24시간임을 알 수 있습니다.
5. 달력을 보고 l주일, l개월, l년 사이의 관계를 이해할 수 있습니다.

우찬이네 마을에 도서관이 만들어져요. 이 도서관은 10월 7일 오전 10시에 문을 연다고 해요. 우찬이는 너무 기대가 되어 문을 여는 시각의 5분 전에 친구와 도서관 앞에서 만나기로 했어요.
10월 7일은 무슨 요일인지 달력에서 찾아볼까요? 10시 5분 전은 몇 시 몇 분일까요? 오전은 언제일까요?

이번 4단원에서는 시각과 시간에 대해 배울 거예요.

개념 1 몇 시 몇 분을 읽어 볼까요(1)

- 긴바늘이 숫자를 가리킬 때 시각 읽기
  - 시계의 긴바늘이 가리키는 숫자가 1이면 5분, 2이면 10분, 3이면 15분, ...을 나타냅니다.
  - 오른쪽 시계는 짧은바늘이 7과 8 사이를 가리키고, 긴바늘이 3을 가리킵니다.
  - ➡ 시계가 나타내는 시각은 7시 15분입니다.

- 시계의 긴바늘이 가리키는 숫자가 1씩 커지면 나타내는 분은 5분씩 커집니다.

개념 2 몇 시 몇 분을 읽어 볼까요(2)

- 긴바늘이 숫자와 숫자 사이를 가리킬 때 시각 읽기
  - 시계에서 긴바늘이 가리키는 작은 눈금 한 칸은 1분을 나타냅니다.
  - 오른쪽 시계는 짧은바늘이 1과 2 사이를 가리키고, 긴바늘이 6에서 작은 눈금 2칸만큼 더 간 곳을 가리킵니다.
  - ➡ 시계가 나타내는 시각은
    1시 32분입니다.
    └─ 30분+2분=32분

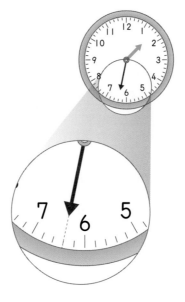

- **디지털시계의 시각 읽기**

:의 왼쪽 수 11은 11시를, :의 오른쪽 수 48은 48분을 나타냅니다.
➡ 11시 48분

문제를 풀며 이해해요

[1~2] 시계를 보고 ☐ 안에 알맞은 수를 써넣으세요.

1  짧은바늘은 ☐와/과 ☐ 사이를 가리키고,

긴바늘은 ☐을/를 가리키므로 ☐시 ☐분

입니다.

2  짧은바늘은 ☐와/과 ☐ 사이를 가리키고,

긴바늘은 **8**에서 작은 눈금 ☐칸만큼 더 간 곳을

가리키므로 ☐시 ☐분입니다.

3 같은 시각을 나타낸 것끼리 이어 보세요.

 •

• 1:35

 •

• 1:27

• 1:38

시계의 시각을 '몇 시 몇 분'으로 읽을 수 있는지 묻는 문제예요.

시계의 긴바늘이 가리키는 숫자가 1이면 5분, 2이면 10분, 3이면 15분, ...을 나타내요.

시계에서 긴바늘이 가리키는 작은 눈금 한 칸은 1분을 나타내요.

디지털시계에서 :의 왼쪽 수는 몇 시를, :의 오른쪽 수는 몇 분을 나타내요.

[01~02] 시계를 보고 몇 시 몇 분인지 써 보세요.

중요
01 241008-0269

(   )

02 241008-0270

(   )

03 241008-0271 시계의 긴바늘이 가리키는 숫자와 나타내는 분을 알맞게 써넣으세요.

숫자	l	2		4	5	6
분	5		l5			30

04 241008-0272 시각에 맞게 시계에 긴바늘을 그려 넣으세요.

05 241008-0273 시계의 짧은바늘이 4와 5 사이를 가리키고, 긴바늘이 l0을 가리키고 있습니다. 몇 시 몇 분인지 써 보세요.

(   )

중요
06 241008-0274 7시 l7분인 시계에 ○표 하세요.

(   )   (   )

07 241008-0275 ☐ 안에 알맞은 수를 써넣으세요.

시계의 짧은바늘이 5와 6 사이를 가리키고, 긴바늘이 6에서 작은 눈금 3칸만큼 더 간

곳을 가리키면 ☐ 시 ☐ 분입니다.

08 241008-0276

8시 47분일 때 시계의 긴바늘은 어디를 가리키나요? (　　　　　)

① 4와 5 사이　　　　② 5와 6 사이　　　　③ 8과 9 사이

④ 9와 10 사이　　　⑤ 10과 11 사이

09 241008-0277

4시 3분인 시계를 모두 찾아 기호를 써 보세요.

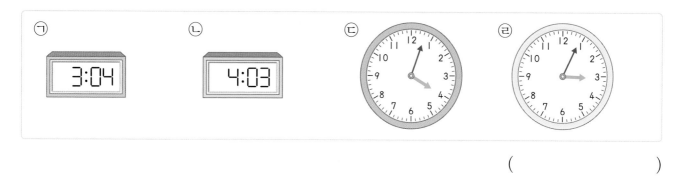

(　　　　　)

도전 241008-0278

10 왼쪽 시계에서 16분이 지난 시각을 오른쪽 시계에 나타내고 몇 시 몇 분인지 써 보세요.

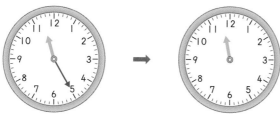

(　　　　　)

 5분이 지나면 긴바늘이 가리키는 숫자가 1만큼 커집니다.

실생활 활용 문제 241008-0279

11 세정이는 다음과 같이 시간을 보냈습니다. 시계가 나타내는 시각에 세정이가 하고 있던 일을 써 보세요.

- 2시~2시 20분: 가방 정리
- 2시 20분~3시: 책 읽기
- 3시~3시 30분: 피아노 치기

(　　　　　)

개념 3 여러 가지 방법으로 시각을 읽어 볼까요

• 몇 시 5분 전 알기

시계가 나타내는 시각은 1시 55분입니다.

5분이 더 지나면 2시가 됩니다.

2시가 되기 5분 전입니다.

1시 55분을 2시 5분 전이라고도 합니다.

> 1시 55분=2시 5분 전

11시 55분에서 긴바늘이 숫자 한 칸만큼 더 가면 12시가 됩니다.

➡ 11시 55분=12시 5분 전

• 몇 시 10분 전 알기

시계가 나타내는 시각은 4시 50분입니다.

10분이 더 지나면 5시가 됩니다.

5시가 되기 10분 전입니다.

4시 50분을 5시 10분 전이라고도 합니다.

> 4시 50분=5시 10분 전

11시 50분에서 긴바늘이 숫자 2칸만큼 더 가면 12시가 됩니다.

➡ 11시 50분=12시 10분 전

• 몇 시 15분 전 알기

시계가 나타내는 시각은 8시 45분입니다.

15분이 더 지나면 9시가 됩니다.

9시가 되기 15분 전입니다.

8시 45분을 9시 15분 전이라고도 합니다.

> 8시 45분=9시 15분 전

문제를 풀며 이해해요

[1~4] 시계를 보고 ☐ 안에 알맞은 수를 써넣으세요.

1 241008-0280

시계가 나타내는 시각은 6시 ☐ 분이고,

☐ 분이 더 지나면 7시가 됩니다.

6시 ☐ 분 = 7시 ☐ 분 전

7시가 되려면 몇 분이 남았는 지 생각해 보아요.

2 241008-0281

시계가 나타내는 시각은 10시 ☐ 분이고,

☐ 분이 더 지나면 11시가 됩니다.

10시 ☐ 분 = 11시 ☐ 분 전

11시가 되려면 몇 분이 남았는 지 생각해 보아요.

3 241008-0282

`9:55`

☐ 시 ☐ 분

☐ 시 ☐ 분 전

4 241008-0283

`7:50`

☐ 시 ☐ 분

☐ 시 ☐ 분 전

몇 시가 되려면 몇 분이 남았 는지 생각해 보아요.

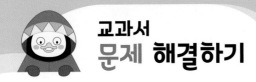

241008-0284

01 시계를 보고 □ 안에 알맞은 수를 써넣으세요.

시계가 나타내는 시각에서 □ 분이 더 지나면 □ 시가 됩니다.

□ 시 □ 분 = □ 시 □ 분 전

241008-0285

02 같은 시각끼리 이어 보세요.

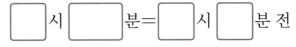

7시 10분 전   3시 10분 전   5시 10분 전

[03~04] □ 안에 알맞은 수를 써넣으세요.

241008-0286

03 11시 45분 = 12시 □ 분 전

241008-0287

04 1시 5분 전 = □ 시 □ 분

241008-0288

05 9시 5분 전을 나타내도록 시계에 긴바늘을 그려 넣으세요.

중요

06 2시 10분 전을 나타내는 시계를 찾아 기호를 써 보세요.
241008-0289

(   )

중요
01 241008-0290

민수는 4시 15분 전에 놀이터에 왔습니다. 민수와 같은 시각에 온 사람은 누구인지 써 보세요.

> 영아: 나는 놀이터에 3시 45분에 왔어.
> 현영: 난 놀이터에 4시 45분에 왔어.

(   )

08 241008-0291

같은 시각끼리 짝을 지었을 때 짝이 <u>없는</u> 것을 찾아 색칠해 보세요.

5시 50분

6시 45분

6시 10분 전

5시 10분 전

7시 15분 전

09 241008-0292

왼쪽 시계가 나타내는 시각에서 15분이 지나면 오른쪽 시계가 됩니다. 시각에 맞게 왼쪽 시계에 긴바늘을 그려 넣으세요.

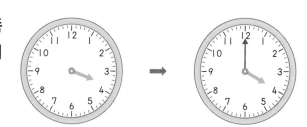

도전
10 241008-0293

11시 10분 전을 나타내는 시계의 짧은바늘은 어떤 숫자와 어떤 숫자 사이를 가리키는지 써 보세요.

[ ]와/과 [ ] 사이

도움말 11시 10분 전이 몇 시 몇 분인지 알아봅니다.

 **실생활 활용 문제** 241008-0294

11 수찬이의 일기를 보고 수찬이가 돌아가고 싶은 시각은 몇 시 몇 분인지 써 보세요.

> ○○월 ○○일 맑음
>
> 놀이공원에 가서 내가 좋아하는 바이킹을 타고 나오는데 시계를 보니 짧은바늘은 6을, 긴바늘은 12를 가리키고 있었다. 벌써 가야 할 시간이라니!
> 5분 전으로 돌아가 바이킹을 한 번 더 타고 싶었다.

(   )

개념 4   1시간을 알아볼까요

- 시계의 긴바늘이 한 바퀴 도는 데 걸린 시간 알기
  - 시계의 긴바늘이 한 바퀴 도는 데 걸린 시간은 60분입니다.
  - 60분이 지나면 1시간이 지난 것입니다.

$$60분 = 1시간$$

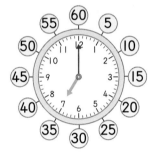 →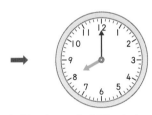

긴바늘이 12에서 한 바퀴 도는 동안
짧은바늘은 7에서 8로 움직입니다.

- **2시간 알기**

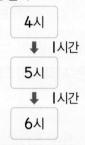

- 4시에서 시계의 긴바늘이 2 바퀴 돌면 6시가 됩니다.
- 4시에서 2시간이 지나면 6시 가 됩니다.

개념 5   걸린 시간을 알아볼까요

- 시간 띠를 이용해 걸린 시간 구하기

8시부터 9시 40분까지 걸린 시간을 시간 띠에 색칠했습니다.

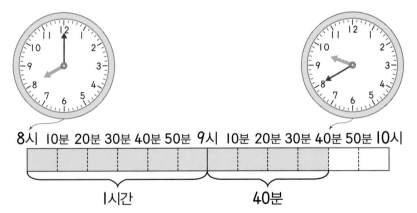

시간 띠의 한 칸은 10분을 나타내므로 걸린 시간은 100분입니다.

➡ 100분=1시간 40분

- **시간 띠 알기**
  60분을 6칸으로 나누었으므로 시간 띠의 한 칸은 10분을 나타 냅니다.

- **시간과 분 사이의 관계**
  1시간 10분=60분+10분
  　　　　　＝70분
  80분=60분+20분
  　　　＝1시간 20분

문제를 풀며 이해해요

241008-0295

1 ☐ 안에 알맞은 수를 써넣으세요.

(1) 시계의 긴바늘이 한 바퀴 도는 데 걸린 시간은 ☐ 분입니다.

(2) I시간은 ☐ 분입니다.

> I시간은 몇 분인지를 알고, 시간 띠를 이용해 걸린 시간을 구할 수 있는지 묻는 문제예요.

241008-0296

2 시간 띠를 보고 ☐ 안에 알맞은 수를 써넣으세요.

7시 I0분 20분 30분 40분 50분 8시 I0분 20분 30분 40분 50분 9시

(1) 7시 ☐ 분부터 8시 ☐ 분까지 색칠했습니다.

(2) 색칠한 부분이 나타내는 시간은 ☐ 분입니다.

> 시간 띠에 색칠된 칸의 수를 세어 보아요.

241008-0297

3 성민이가 책 읽기를 시작한 시각과 끝낸 시각입니다. 물음에 답하세요.

시작한 시각 ➡ 끝낸 시각

> 시간 띠의 한 칸은 몇 분을 나타내는지 생각해 보아요.

(1) 책을 읽는 데 걸린 시간을 시간 띠에 색칠해 보세요.

3시 I0분 20분 30분 40분 50분 4시 I0분 20분 30분 40분 50분 5시

(2) 책을 읽는 데 걸린 시간은 몇 시간 몇 분인지 써 보세요.

☐ 시간 ☐ 분

[01~02] ☐ 안에 알맞은 수를 써넣으세요.

241008-0298
01 3시에서 60분이 지나면 ☐ 시가 됩니다.

241008-0299
02 ☐ 시에서 60분이 지나면 8시가 됩니다.

241008-0300
03 오른쪽 시계에서 긴바늘이 2바퀴 돌면 몇 시가 되는지 써 보세요.

(   )

241008-0301
04 바르게 말한 사람을 찾아 이름을 써 보세요.

> 우진: 110분은 1시간 10분이야.
> 슬찬: 1시간 30분은 90분이야.
> 수아: 2시간은 100분이야.

(   )

중요
241008-0302
05 2시 45분에서 1시간이 지난 후의 시계를 찾아 기호를 써 보세요.

ㄱ   ㄴ   ㄷ

(   )

241008-0303
06 걸린 시간이 <u>다른</u> 것을 찾아 ○표 하세요.

| 2시부터 4시까지 | 12시부터 2시까지 | 10시부터 1시까지 |

(   )   (   )   (   )

241008-0304
07 시간 띠에서 색칠한 부분이 나타내는 시간은 몇 분인지 써 보세요.

8시 10분 20분 30분 40분 50분 9시 10분 20분 30분 40분 50분 10시

(   )

[08~09] 채하가 줄넘기를 하는 데 걸린 시간을 구하려고 합니다. 물음에 답하세요.

시작한 시각   끝낸 시각

241008-0305

08 채하가 줄넘기를 하는 데 걸린 시간을 시간 띠에 색칠해 보세요.

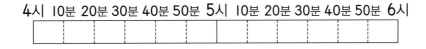

4시 10분 20분 30분 40분 50분 5시 10분 20분 30분 40분 50분 6시

중요

241008-0306

09 채하가 줄넘기를 한 시간은 몇 분인지 구해 보세요.   (   )

도전

241008-0307

10 왼쪽 시계에서 2시간 10분이 지나서 오른쪽 시계가 되었습니다. 왼쪽 시계에 짧은바늘과 긴바늘을 그려 보세요.

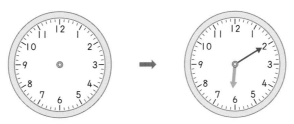

도움말 먼저 오른쪽 시계의 시각에서 10분 전의 시각을 생각해 봅니다.

 실생활 활용 문제   241008-0308

11 하정이네 학교의 점심 시간이 끝나는 시각은 몇 시 몇 분인지 구해 보세요.

우리 학교 점심 시간은
12시 20분부터
50분 동안이야.

하정   (   )

개념 6 하루의 시간을 알아볼까요

• 오전과 오후 알기

전날 밤 12시부터 낮 12시까지를 오전이라 하고, 낮 12시부터 밤 12시까지를 오후라고 합니다.

$$1일 = 24시간$$

• 밤 12시에 날짜가 바뀝니다.

1월 3일 오후 11시 59분

↓ 1분 후

1월 4일 밤 12시

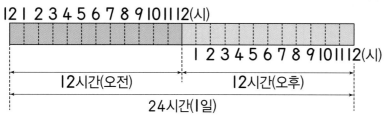

12시간(오전) 12시간(오후)

24시간(1일)

개념 7 달력을 알아볼까요

• 달력 알기

• 요일은 일, 월, 화, 수, 목, 금, 토요일이 있습니다.

• 같은 요일은 7일마다 반복됩니다.

$$1주일 = 7일$$

5월

일	월	화	수	목	금	토
		1	2	3	4	5
6	7	8	9	10	11	12
13	14	15	16	17	18	19
20	21	22	23	24	25	26
27	28	29	30	31		

1주일

• 1년 알기

$$1년 = 12개월$$

월	1	2	3	4	5	6	7	8	9	10	11	12
날수 (일)	31	28 (29)	31	30	31	30	31	31	30	31	30	31

• 손을 이용하여 각 월의 날수 알아보기

주먹을 쥐고 위로 올라온 곳은 31일, 내려간 곳은 30일 또는 28일(29일)입니다.

문제를 풀며 이해해요

241008-0309

1 세호의 생활 계획표를 보고 ☐ 안에 알맞은 수를 써넣으세요.

하루의 시간을 알고, 달력을 볼 수 있는지 묻는 문제예요.

(1) 세호는 오전 ☐ 시부터 오후 ☐ 시까지 학교 생활을 합니다.

(2) 하루는 ☐ 시간입니다.

(3) 세호는 ☐ 시간 동안 잠을 잡니다.

생활 계획표에서 밤 12시와 낮 12시를 찾아보아요.

241008-0310

2 어느 해의 7월 달력을 보고 ☐ 안에 알맞은 수나 말을 써넣으세요.

7월						
일	월	화	수	목	금	토
	1	2	3	4	5	6
7	8	9	10	11	12	13
14	15	16	17	18	19	20
21	22	23	24	25	26	27
28	29	30	31			

달력에서 날짜를 찾고 위로 올라가 무슨 요일인지 알아보고, 1주일은 며칠인지 생각해 보아요.

(1) 7월 10일은 ☐ 요일입니다.

(2) 7월에 토요일이 ☐ 번 있습니다.

(3) 7월 16일에서 1주일이 지나면 7월 ☐ 일입니다.

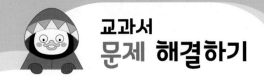

241008-0311

01 나머지 넷과 <u>다른</u> 수가 들어가는 곳은 어디일까요? (   )

> 전날 밤 ①시부터 낮 ②시까지를 오전이라 하고, 오전은 ③시간입니다.
> 오후는 ④시간이고, 하루는 ⑤시간입니다.

중요
02 241008-0312

승현이는 오전 10시부터 오후 2시까지 박물관에 있었습니다. 승현이가 박물관에 있었던 시간을 시간 띠에 색칠하고 몇 시간인지 구해 보세요.

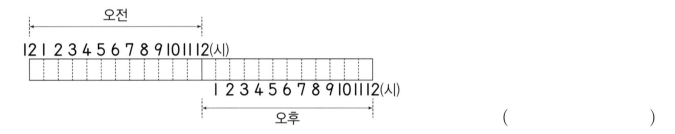

(   )

241008-0313

03 석준이는 오전 11시 40분에 기차를 타서 오후 1시에 내렸습니다. 석준이가 기차를 탄 시간은 몇 시간 몇 분인지 구해 보세요.

(   )

241008-0314

04 오전 7시에서 낮 12시가 되는 동안 시계의 긴바늘은 몇 바퀴를 돌게 되는지 구해 보세요.

(   )

241008-0315

05 바르게 말한 사람을 찾아 이름을 써 보세요.

> 미란: 오전 9시 30분에서 4시간이 지나면 오후 2시 30분이야.
> 수민: 오후 11시에서 3시간이 지나면 오전 3시야.
> 예린: 오전 11시 40분에서 긴바늘이 시계를 2바퀴 돌면 오후 1시 40분이야.

(   )

241008-0316

06 날수가 <u>다른</u> 월을 찾아 써 보세요.

7월	8월	9월

(   )

[07~08] 어느 해의 1월 달력을 보고 물음에 답하세요.

1월						
일	월	화	수	목	금	토
		1	2	3	4	5
6	7	8	9	10	11	12
13	14	15	16	17	18	19
20	21	22	23	24	25	26
27	28	29	30	31		

중요
241008-0317
07 날짜와 요일을 <u>잘못</u> 쓴 것은 어느 것인가요? (   )

① 1월 3일―목요일   ② 1월 1일―화요일
③ 1월 19일―토요일   ④ 1월 28일―일요일
⑤ 1월 11일―금요일

241008-0318
08 지수는 일요일마다 도서관에 갔습니다. 지수가 1월에 도서관에 간 날은 모두 며칠인가요?

(   )

241008-0319
09 1년 5개월은 몇 개월인지 구해 보세요.

(   )

도전 241008-0320
10 8월 달력의 일부입니다. 8월 31일은 무슨 요일인지 구해 보세요.

8월						
일	월	화	수	목	금	토
1	2	3	4	5	6	7

(   )

도움말 달력의 수는 아래로 한 칸 내려갈수록 7씩 커집니다.

실생활 활용 문제 241008-0321

11 하영이네 마을에 전시회가 열립니다. 전시회는 며칠 동안 열리는지 구해 보세요.

들꽃 그림 전시회

기간: 2024년 11월 30일 ~
2024년 12월 5일

(   )

241008-0322

01 시계를 보고 몇 시 몇 분인지 써 보세요.

(1)
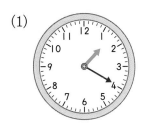

( )

(2)
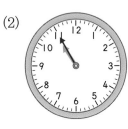

( )

241008-0323

02 3시 25분을 나타내는 시계의 긴바늘이 가리키는 숫자는 얼마일까요? ( )

① 1   ② 3   ③ 5

④ 7   ⑤ 9

241008-0324

03 시각에 맞게 긴바늘을 그려 넣으세요.

중요
04 241008-0325

시계가 나타내는 시각을 써 보세요.

> 시계의 짧은바늘이 12와 1 사이를 가리키고, 긴바늘이 4에서 작은 눈금 4칸만큼 더 간 곳을 가리킵니다.

( )

241008-0326

05 시계가 나타내는 시각은 몇 시 몇 분인가요?

( )

① 1시 35분   ② 1시 38분

③ 2시 38분   ④ 7시 1분

⑤ 7시 7분

06 시계를 보고 □ 안에 알맞은 수를 써넣으세요.

☐시 ☐분 전

중요
08 시각에 맞게 시계에 긴바늘을 그려 넣으세요.

11시 10분 전

241008-0328

07 서준이는 9시 15분 전에 학교에 왔고, 민아는 9시 10분 전에 학교에 왔습니다. 서준이와 민아가 학교에 온 시각을 각각 찾아 기호를 써 보세요.

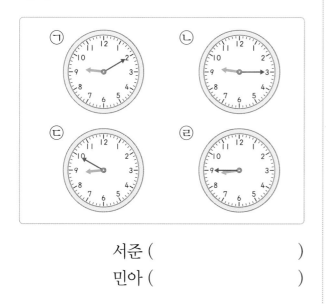

서준 (   )

민아 (   )

241008-0330

09 수지의 시계가 고장이 나서 정확한 시각보다 1시간이 늦습니다. 수지의 시계가 다음과 같다면 정확한 시각은 몇 시 몇 분인지 구해 보세요.

(   )

241008-0331

10 2시간보다 짧은 시간을 찾아 ○표 하세요.

115분	130분	2시간 5분
( )	( )	( )

241008-0332

11 문수는 5시 10분부터 30분 동안 피아노 연습을 했습니다. 문수가 피아노 연습을 한 시간을 시간 띠에 색칠하고, 피아노 연습을 끝낸 시각을 구해 보세요.

5시 10분 20분 30분 40분 50분 6시

(   )

241008-0333

12 치호가 등산을 한 시간만큼 시간 띠에 색칠했습니다. 치호가 등산한 시간은 몇 시간 몇 분인지 구해 보세요.

10시 10분 20분 30분 40분 50분 11시 10분 20분 30분 40분 50분 12시

(   )

도전

241008-0334

13 호준이가 영어 공부를 시작한 시각과 끝낸 시각입니다. 호준이가 영어 공부를 한 시간은 몇 시간 몇 분인지 구해 보세요.

시작한 시각   끝낸 시각

4:45   →   6:10

(   )

241008-0335

14 학교 앞 과자점의 문 여는 시각과 문 닫는 시각입니다. 과자점은 몇 시간 동안 문을 여는지 구해 보세요.

> • 문 여는 시각: 오전 10시
> • 문 닫는 시각: 오후 6시

(   )

241008-0336

15 같은 기간끼리 이어 보세요.

| 1주일 3일 | • | • | 10일 |

| 2주일 | • | • | 12일 |

| 1주일 5일 | • | • | 14일 |

[16~18] 어느 해의 6월 달력을 보고 물음에 답하세요.

6월						
일	월	화	수	목	금	토
1	2	3	4	5	6	7
8	9	10	11	12	13	14
15	16	17	18	19	20	21
22	23	24	25	26	27	28
29	30					

241008-0337

16 6월에 월요일이 몇 번 있나요?

( )

241008-0338

17 6월의 셋째 수요일은 며칠인가요?

( )

241008-0339

18 6월 21일부터 3주일 전은 무슨 요일인가요?

( )

241008-0340

19 7월과 날수가 같은 월을 모두 찾아 ○표 하세요.

1월	2월	3월
	4월	5월

서술형
241008-0341

20 서영이네 가족은 8월 27일에 여행을 떠나 2주일 후에 집으로 돌아왔습니다. 서영이네 가족이 집으로 돌아온 날은 몇 월 며칠인지 풀이 과정을 쓰고 답을 구해 보세요.

풀이

(1) 8월의 마지막 날은 ( )일입니다.

(2) 1주일은 ( )일이므로
8월 27일부터 1주일 후는
( )월 ( )일입니다.

(3) 서영이네 가족이 집으로 돌아온 날은
8월 27일부터 2주일 후인
( )월 ( )일입니다.

답 _____

5

표와 그래프

해당 부분을 공부하고 나서 ✓표를 하세요.

체육 시간에 하고 싶은 활동

이어달리기

보빈 윤석

판 뒤집기

기혁

큰 공 굴리기

슬비 연우
재하 동민

공 나르기

시후 예진
민서

보빈이는 친구들과 체육 시간에 하고 싶은 활동을 이야기하고 있어요. 친구들이 체육 시간에 하고 싶은 활동별로 수를 조사해 보니 이어달리기가 2명, 판 뒤집기가 1명, 큰 공 굴리기가 4명, 공 나르기가 3명이에요. 친구들은 어떤 활동을 하면 좋을까요?

이번 5단원에서는 자료를 조사하여 표와 그래프로 나타내고, 표와 그래프를 보고 무엇을 알 수 있는지 배울 거예요.

교과서
개념 배우기

• 조사한 자료를 분류하여 표로 나타내기

〈은서네 반 학생들이 좋아하는 동물〉

은서	성호	도윤	가온	리후
성훈	민준	정빈	예나	한빛
혜인	동건	지율	수진	선우
지효	시윤	선호	서윤	태섭

🐕 강아지, 🐢 거북, 🐰 토끼, 🐱 고양이

① 학생들이 좋아하는 동물별로 분류합니다.

② 좋아하는 동물별로 학생 수를 셉니다.

③ 표로 나타냅니다.

〈은서네 반 학생들이 좋아하는 동물별 학생 수〉

동물	강아지	거북	토끼	고양이	합계
학생 수(명)	7	6	3	4	20

• **자료의 수를 셀 때 겹치지 않고 빠짐없이 세는 방법**
색연필로 표시를 하거나 ○, ×, / 등의 표시를 하면 같은 자료를 여러 번 세거나 빠뜨리지 않고 셀 수 있습니다.

• **자료의 편리한 점**
누가 어떤 동물을 좋아하는지 알 수 있습니다.

• 자료를 조사하여 표로 나타내는 방법

① 무엇을 조사할지 정합니다.

② 어떤 방법으로 조사할지 정합니다.

③ 자료를 조사합니다.

④ 조사한 자료를 표로 나타냅니다.

• **표로 나타내면 편리한 점**
동물별 좋아하는 학생 수, 전체 학생 수를 한눈에 알아보기 쉽습니다.

[1~4] 태리네 반 학생들이 좋아하는 과일을 조사하였습니다. 물음에 답하세요.

자료를 보고 표로 나타낼 수 있는지 묻는 문제예요.

〈태리네 반 학생들이 좋아하는 과일〉

태리	예나	단하	유진	재희
지유	태완	승연	사랑	강준
예준	규진	지우	송현	세림
민영	성학	은경	현지	재민

- 포도
- 사과
- 귤
- 망고

241008-0342

1 태리가 좋아하는 과일은 무엇인가요? (   )

자료에서 태리가 좋아하는 과일을 찾아보아요.

241008-0343

2 태리네 반 학생은 모두 몇 명인가요? (   )

자료를 보고 학생 수를 세어 보아요.

241008-0344

3 좋아하는 과일별 학생들의 이름을 써 보세요.

포도	사과	귤	망고

자료를 보고 같은 과일을 좋아하는 학생들을 찾아보아요.

241008-0345

4 좋아하는 과일별 학생 수를 표로 나타내 보세요.

〈태리네 반 학생들이 좋아하는 과일별 학생 수 〉

과일	포도	사과	귤	망고	합계
학생 수(명)					

3을 보고 좋아하는 과일별 학생 수를 표에 써 보아요.

교과서 문제 해결하기

[01~04] 승우네 반 학생들이 좋아하는 꽃을 조사하였습니다. 물음에 답하세요.

〈승우네 반 학생들이 좋아하는 꽃〉

승우	하민	나예	시우	예진	윤재	한결	현우
다은	시현	지율	동하	재영	승희	승아	나연

🌹 장미, 🌷 튤립
🌺 무궁화, 🌸 카네이션

241008-0346
01 윤재가 좋아하는 꽃은 무엇인가요? ( )

241008-0347
02 무궁화를 좋아하는 학생은 몇 명인가요? ( )

241008-0348
03 자료를 보고 표로 나타내 보세요.

〈승우네 반 학생들이 좋아하는 꽃별 학생 수〉

꽃	장미	튤립	무궁화	카네이션	합계
학생 수(명)					

241008-0349
04 승우네 반 학생은 모두 몇 명인가요? ( )

[05~08] 선지네 반 학생들이 좋아하는 곤충을 조사하였습니다. 물음에 답하세요.

〈선지네 반 학생들이 좋아하는 곤충〉

선지	소민	시영	윤주	민준	서연	은성	가현	석현	윤서
주아	건우	서윤	연아	정연	태홍	연서	재윤	다연	주하

🦋 나비, 🐞 무당벌레
🦟 잠자리, 🦗 메뚜기
🐜 개미

241008-0350
05 선지네 반 학생들이 좋아하는 곤충의 종류는 몇 가지인가요? ( )

중요
241008-0351
06 자료를 보고 표로 나타내 보세요.

〈선지네 반 학생들이 좋아하는 곤충별 학생 수〉

곤충	나비	무당벌레	잠자리	메뚜기	개미	합계
학생 수(명)						

241008-0352
07 선지네 반 학생은 모두 몇 명인가요? ( )

중요 241008-0353

08 06과 같이 자료를 보고 표로 나타낼 때 좋은 점입니다. ☐ 안에 공통으로 들어갈 말을 써넣으세요.

• 좋아하는 곤충별 ☐ 을/를 알아보기 편리합니다.

• 전체 ☐ 을/를 쉽게 알 수 있습니다.

도전 241008-0354

09 모양을 만드는 데 사용한 조각의 수를 세어 표로 나타내 보세요.

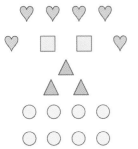

〈모양을 만드는 데 사용한 조각 수〉

조각	▲	■	○	♡	합계
조각 수(개)					

도움말 모양이 같은 조각끼리 모아서 세어 봅니다.

241008-0355

10 자료를 조사하여 표로 나타내려고 합니다. 순서대로 기호를 써 보세요.

┌───┐
│ ㉠ 자료를 조사합니다.   ㉡ 조사한 자료를 표로 나타냅니다. │
│ ㉢ 무엇을 조사할지 정합니다.   ㉣ 조사할 방법을 정합니다.   │
└───┘

( )

실생활 활용 문제 241008-0356

11 미경이가 동물원에서 본 동물의 수를 표로 나타냈습니다. 동물은 모두 몇 마리인지 구해 보세요.

〈동물원에서 본 동물 수〉

동물	캥거루	호랑이	사막여우	타조	합계
동물 수(마리)	5	3	6	7	

( )

개념 3 자료를 분류하여 그래프로 나타내 볼까요

● 조사한 자료를 그래프로 나타내는 순서 알아보기

① 그래프의 가로와 세로에 무엇을 쓸지 정합니다.

② 가로와 세로를 각각 몇 칸으로 할지 정합니다.

③ 그래프에 ○. ×, / 중 하나를 선택하여 자료를 나타냅니다.

④ 그래프의 제목을 씁니다.

● 조사한 자료를 보고 ○를 이용하여 그래프로 나타내기

〈지민이네 반 학생들이 좋아하는 음식〉

지민	민호	서연	준빈	온유	가빈	승호
서빈	다인	도윤	서현	승희	준우	태형

피자, 짜장면, 돈가스, 떡볶이

• 피자를 좋아하는 학생은 5명이므로 ○를 5개 그립니다.

• 짜장면을 좋아하는 학생은 2명이므로 ○를 2개 그립니다.

• 돈가스를 좋아하는 학생은 3명이므로 ○를 3개 그립니다.

• 떡볶이를 좋아하는 학생은 4명이므로 ○를 4개 그립니다.

〈지민이네 반 학생들이 좋아하는 음식별 학생 수 〉

학생 수(명) \ 음식	피자	짜장면	돈가스	떡볶이
5	○			
4	○			○
3	○		○	○
2	○	○	○	○
1	○	○	○	○

● ○. ×, / 등을 이용하여 그래프로 나타내는 방법

항목별 수만큼 한 칸에 하나씩 빈칸 없이 채워서 나타냅니다.

● 그래프로 나타내면 편리한 점

– 좋아하는 음식별 학생 수를 한눈에 비교할 수 있습니다.

– 가장 많은 학생들이 좋아하는 음식과 가장 적은 학생들이 좋아하는 음식을 한눈에 알 수 있습니다.

[1~5] 원석이가 가지고 있는 볼펜을 조사하여 표로 나타냈습니다. 표를 보고 ○를 이용하여 그래프로 나타내려고 합니다. ☐ 안에 알맞은 수를 써넣고, 그래프로 나타내 보세요.

주어진 표를 보고 그래프로 나타낼 수 있는지 묻는 문제예요.

〈원석이가 가지고 있는 색깔별 볼펜 수〉

색깔	검은색	빨간색	파란색	초록색	합계
볼펜 수(자루)	6	3	4	5	18

241008-0357

1 검은색 볼펜은 ☐ 자루이므로 ○를 ☐ 개 그립니다.

◁ 색깔별 볼펜 수만큼 ○를 그리면 돼요.

241008-0358

2 빨간색 볼펜은 ☐ 자루이므로 ○를 ☐ 개 그립니다.

241008-0359

3 파란색 볼펜은 ☐ 자루이므로 ○를 ☐ 개 그립니다.

241008-0360

4 초록색 볼펜은 ☐ 자루이므로 ○를 ☐ 개 그립니다.

241008-0361

5 표를 보고 그래프로 나타내 보세요.

◁ 색깔별 볼펜 수만큼 ○를 한 칸에 하나씩, 아래에서 위로 빈 칸 없이 채워서 나타내요.

〈원석이가 가지고 있는 색깔별 볼펜 수〉

볼펜 수(자루) / 색깔	검은색	빨간색	파란색	초록색
6				
5				
4				
3		○		
2		○		
1		○		

[01~04] 정원이네 반 학생들이 좋아하는 색깔을 조사하여 표로 나타냈습니다. 물음에 답하세요.

〈정원이네 반 학생들이 좋아하는 색깔별 학생 수〉

색깔	초록색	보라색	파란색	노란색	합계
학생 수(명)	2	6	5	4	17

241008-0362
01 그래프로 나타낼 때 가로에 색깔을 나타내면 세로에는 무엇을 나타내야 하나요? (   )

241008-0363
02 그래프로 나타낼 때 노란색은 몇 칸까지 나타내야 하나요?   (   )

241008-0364
03 표를 보고 ○를 이용하여 그래프로 나타내 보세요.

〈정원이네 반 학생들이 좋아하는 색깔별 학생 수〉

6				
5				
4				
3				
2				
1				
학생 수(명) 색깔	초록색	보라색	파란색	노란색

241008-0365
04 가장 많은 학생들이 좋아하는 색깔은 무엇인가요?   (   )

중요
05 지연이네 반 학생들이 받고 싶은 학용품을 조사하여 그래프로 나타냈습니다. 그래프에서 잘못된 부분을 모두 고르세요. (   )

241008-0366

〈   〉

	①	②	③	④	⑤
4	○			○	
3	○	○		○	○
2	○	○		○	
1		○	○	○	○
학생 수(명) 학용품	연필	지우개	사인펜	색연필	공책

241008-0367
06 **05**의 그래프의 ☐ 안에 알맞은 제목을 써넣으세요.

[07~10] 보빈이네 반 학생들이 좋아하는 운동을 조사하여 표로 나타냈습니다. 물음에 답하세요.

〈보빈이네 반 학생들이 좋아하는 운동별 학생 수〉

운동	축구	야구	배구	농구	합계
학생 수(명)	9	5	4	2	20

241008-0368

07 ×를 이용하여 그래프로 나타낼 때 야구에는 ×를 몇 개 그려야 하나요? ( )

도전▶ 241008-0369

08 표를 보고 ×를 이용하여 그래프로 나타내 보세요.

〈보빈이네 반 학생들이 좋아하는 운동별 학생 수〉

농구									
배구									
야구									
축구									
운동 \ 학생 수(명)	1	2	3	4	5	6	7	8	9

도움말 ×를 왼쪽에서 오른쪽으로 그립니다.

241008-0370

09 가장 적은 학생들이 좋아하는 운동은 무엇인가요? ( )

중요 241008-0371

10 표와 그래프 중에서 가장 많은 학생들이 좋아하는 운동을 한눈에 알아보기 더 편리한 것을 써 보세요.

( )

 **실생활 활용 문제** 241008-0372

11 호린이의 일기를 보고 모둠 친구들이 학급 장기 자랑으로 가장 하고 싶어 하는 활동을 써 보세요.

○○월 ○○일 맑음

오늘 모둠 친구들과 학급 장기 자랑으로 하고 싶은 활동에 대해 이야기하면서 조사한 자료를 그래프로 나타내 보았다.

〈학급 장기 자랑으로 하고 싶은 활동별 학생 수〉

4		○		
3		○		○
2	○	○		○
1	○	○	○	○
학생 수(명) \ 활동	핸드벨 연주	컵타 공연	난타 공연	실로폰 연주

( )

개념 4 표와 그래프를 보고 무엇을 알 수 있을까요

- 표의 내용 알아보기

〈제민이네 반 학생들이 좋아하는 음식별 학생 수 〉

음식	김밥	떡볶이	닭강정	피자	스파게티	합계
학생 수(명)	5	6	2	4	3	20

- 학생들이 좋아하는 음식의 종류는 **5**가지입니다.
- 피자를 좋아하는 학생은 **4**명입니다.
- 조사한 학생은 모두 **20**명입니다.

- 그래프의 내용 알아보기

〈제민이네 반 학생들이 좋아하는 음식별 학생 수 〉

6		○			
5	○	○			
4	○	○		○	
3	○	○		○	○
2	○	○	○	○	○
1	○	○	○	○	○
학생 수(명) \ 음식	김밥	떡볶이	닭강정	피자	스파게티

- 가장 많은 학생들이 좋아하는 음식은 떡볶이입니다.
- 가장 적은 학생들이 좋아하는 음식은 닭강정입니다.
- 김밥을 좋아하는 학생은 피자를 좋아하는 학생보다 **1**명 더 많습니다.

개념 5 표와 그래프로 나타내 볼까요

- 표와 그래프로 나타내는 방법
  ① 조사 계획을 세워서 자료를 조사합니다.
  ② 기준을 정해 비슷한 항목끼리 모아서 분류합니다.
  ③ 항목별로 수를 세어 표로 나타냅니다.
  ④ 항목별 수만큼 ○, ×, / 등을 이용하여 그래프로 나타냅니다.

- **자료의 편리한 점**
  각 자료의 정확한 조사 내용(누가 어떤 음식을 좋아하는지)을 알아보기 편리합니다.

- **표로 나타내면 편리한 점**
  조사한 자료별 수, 조사한 자료의 전체 수를 알아보기 편리합니다.

- **그래프로 나타내면 편리한 점**
  가장 많은 것, 가장 적은 것, 더 많은 것, 더 적은 것을 한눈에 알아보기 편리합니다.

- 표는 자료를 수로 나타냅니다.
- 그래프는 자료의 수만큼 ○, ×, / 등으로 나타냅니다.

문제를 풀며 이해해요

[1~6] 소영이네 반 학생들이 배우고 있는 운동을 조사하여 표와 그래프로 나타냈습니다. ☐ 안에 알맞은 수나 말을 써넣으세요.

표와 그래프의 내용을 알 수 있는지 묻는 문제예요.

〈소영이네 반 학생들이 배우고 있는 운동별 학생 수〉

운동	태권도	검도	수영	배드민턴	축구	스케이트	합계
학생 수(명)	7	3	5	2	6	4	27

〈소영이네 반 학생들이 배우고 있는 운동별 학생 수〉

학생 수(명) \ 운동	태권도	검도	수영	배드민턴	축구	스케이트
7	○					
6	○				○	
5	○		○		○	
4	○		○		○	○
3	○	○	○		○	○
2	○	○	○	○	○	○
1	○	○	○	○	○	○

241008-0373

1 소영이네 반 학생은 모두 ☐ 명입니다.

전체 학생 수는 표의 합계와 같아요.

241008-0374

2 배우고 있는 운동은 모두 ☐ 가지입니다.

241008-0375

3 수영을 배우고 있는 학생은 ☐ 명입니다.

배우고 있는 운동별 학생 수는 표에서 알아보아요.

241008-0376

4 스케이트를 배우고 있는 학생은 ☐ 명입니다.

241008-0377

5 가장 많은 학생들이 배우고 있는 운동은 ☐ 입니다.

가장 많은 학생들 또는 가장 적은 학생들이 배우고 있는 운동은 그래프에서 알아보아요.

241008-0378

6 가장 적은 학생들이 배우고 있는 운동은 ☐ 입니다.

[01~06] 지훈이네 반 학생들이 주말에 가고 싶은 장소를 조사하여 표로 나타냈습니다. 물음에 답하세요.

〈지훈이네 반 학생들이 가고 싶은 장소별 학생 수〉

장소	영화관	놀이공원	박물관	과학관	합계
학생 수(명)	5	6	4	2	

241008-0379

01 지훈이네 반 학생은 모두 몇 명인가요?　　　　　　　　　　　　(　　　　　　)

241008-0380

02 학생들이 가고 싶은 장소는 몇 가지인가요?　　　　　　　　　(　　　　　　)

중요
03 표를 보고 /를 이용하여 그래프로 나타내 보세요.

241008-0381

〈지훈이네 반 학생들이 가고 싶은 장소별 학생 수〉

6				
5				
4				
3				
2				
1				
학생 수(명) / 장소	영화관	놀이공원	박물관	과학관

241008-0382

04 가장 많은 학생들이 주말에 가고 싶은 장소는 어디인가요?　　　(　　　　　　)

241008-0383

05 5명보다 적은 학생들이 주말에 가고 싶은 장소를 모두 써 보세요. (　　　　　　)

241008-0384

06 03의 그래프를 보고 알 수 <u>없는</u> 내용을 찾아 기호를 써 보세요.

> ㉠ 지훈이가 주말에 가고 싶은 장소를 알 수 있습니다.
> ㉡ 가장 많은 학생들이 주말에 가고 싶은 장소를 알 수 있습니다.
> ㉢ 주말에 가고 싶은 장소를 학생 수가 적은 순서대로 알 수 있습니다.

(　　　　　　)

[07~08] 영서네 반 학생들이 배우고 싶은 악기를 조사하여 표로 나타냈습니다. 물음에 답하세요.

〈영서네 반 학생들이 배우고 싶은 악기별 학생 수〉

악기	피아노	플루트	바이올린	우쿨렐레	칼림바	합계
학생 수(명)	9	8		4	3	30

241008-0385

도전

07 피아노를 배우고 싶은 학생 수와 바이올린을 배우고 싶은 학생 수의 차는 몇 명일까요?

도움말 바이올린을 배우고 싶은 학생 수부터 구합니다.　　　　　　　　　(　　　　　　　　　)

241008-0386

08 표를 보고 ×를 이용하여 그래프로 나타내 보세요.

〈영서네 반 학생들이 배우고 싶은 악기별 학생 수〉

칼림바									
우쿨렐레									
바이올린									
플루트									
피아노									
악기\학생 수(명)	1	2	3	4	5	6	7	8	9

[09~10] 유리네 모둠 학생들이 좋아하는 동물을 조사하여 표와 그래프로 나타냈습니다. **보기** 에서 □ 안에 알맞은 말을 찾아 써넣으세요.

보기

자료　　　　표　　　　그래프

241008-0387

09 □ 는 어떤 동물을 몇 명이 좋아하는지 알아보기 쉽습니다.

중요

241008-0388

10 □ 는 가장 많은 학생들과 가장 적은 학생들이 좋아하는 동물을 각각 한눈에 알아보기 쉽습니다.

🐰 **실생활 활용 문제** 241008-0389

11 소빈이의 일기를 보고 소빈이네 반에서 정할 티셔츠 색깔은 무슨 색인지 써 보세요.

○○월 ○○일 맑음

오늘 반 친구들과 함께 운동회에서 입을 티셔츠 색깔을 정하였다. 친구들이 가장 좋아하는 색깔을 티셔츠 색깔로 정하기로 했다.

〈우리 반 친구들이 좋아하는 색깔별 학생 수〉

색깔	초록색	흰색	파란색	노란색	합계
학생 수 (명)	6	5	8	3	22

(　　　　　　　　　)

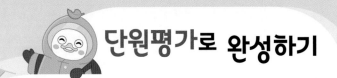

[01~03] 어느 해의 1월 날씨를 조사하였습니다. 물음에 답하세요.

일	월	화	수	목	금	토
	1 ☀	2 ☀	3 ☁	4 ☁	5 ☂	6 ☂
7 ☁	8 ☂	9 ❄	10 ☀	11 ☀	12 ☀	13 ☁
14 ☂	15 ☂	16 ❄	17 ☁	18 ☁	19 ☀	20 ☀
21 ☂	22 ❄	23 ☀	24 ☀	25 ☁	26 ❄	27 ☁
28 ☀	29 ☁	30 ☂	31 ❄			

☀ 맑음, ☁ 흐림, ☂ 비, ❄ 눈

241008-0390

01 1월 19일의 날씨는 어떤가요?

( )

241008-0391

02 조사한 자료를 보고 표로 나타내 보세요.

〈1월의 날씨별 날수〉

날씨	맑음	흐림	비	눈	합계
날수(일)					

241008-0392

03 표를 보고 그래프로 나타낼 때 필요 없는 것을 찾아 기호를 써 보세요.

> ㉠ 맑은 날수   ㉡ 흐린 날수
> ㉢ 비 온 날수   ㉣ 눈 온 날수
> ㉤ 합계

( )

[04~05] 시윤이네 반 학생들이 좋아하는 동물을 조사하여 표로 나타냈습니다. 물음에 답하세요.

〈시윤이네 반 학생들이 좋아하는 동물별 학생 수〉

동물	닭	소	오리	양	말	합계
학생 수 (명)	2	4		7	5	21

241008-0393

04 오리를 좋아하는 학생은 몇 명인지 구해 보세요.

( )

241008-0394

05 표를 보고 그래프로 나타낼 때 세로에 학생 수를 나타내려면 세로는 몇 칸으로 하면 좋을지 써 보세요.

( )

[06~08] 윤호네 반 학생들이 하고 싶은 전통 놀이를 조사하였습니다. 물음에 답하세요.

〈윤호네 반 학생들이 하고 싶은 전통 놀이〉

윤호	현제	정인	성호	해나
가원	다율	도은	범준	선우
유찬	태곤	태린	현우	규인
서윤	진호	채인	정원	재훈

🏺 투호놀이, 🪣 공기놀이, 🤸 비사치기, 🍃 제기차기

06 선우가 하고 싶은 전통 놀이는 무엇인가요?

241008-0395

(   )

07 투호놀이를 좋아하는 학생들의 이름을 모두 써 보세요.

241008-0396

(   )

중요
08 자료를 보고 표로 나타내고, ○를 이용하여 그래프로 나타내 보세요.

241008-0397

〈윤호네 반 학생들이 하고 싶은 전통 놀이별 학생 수〉

전통 놀이	투호 놀이	공기 놀이	비사 치기	제기 차기	합계
학생 수 (명)					

〈윤호네 반 학생들이 하고 싶은 전통 놀이별 학생 수〉

7				
6				
5				
4				
3				
2				
1				
학생 수(명) / 전통 놀이	투호 놀이	공기 놀이	비사 치기	제기 차기

[09~10] 지우네 반 학생들이 좋아하는 빵을 조사하여 그래프로 나타냈습니다. 물음에 답하세요.

〈지우네 반 학생들이 좋아하는 빵별 학생 수〉

소시지빵	○	○	○	○	○	○	○
크림빵	○	○	○	○	○	○	
단팥빵	○	○	○	○			
식빵	○	○	○	○	○		
빵 / 학생 수(명)	1	2	3	4	5	6	7

09 그래프의 가로와 세로에는 각각 무엇을 나타냈는지 써 보세요.

241008-0398

가로 (   )

세로 (   )

10 그래프에 대한 설명으로 <u>틀린</u> 것은 어느 것인가요? (   )

241008-0399

① 소시지빵을 좋아하는 학생은 **7**명입니다.

② 단팥빵을 좋아하는 학생이 가장 적습니다.

③ 가장 많은 학생들이 좋아하는 빵은 소시지빵입니다.

④ 두 번째로 적은 학생들이 좋아하는 빵은 크림빵입니다.

⑤ 크림빵을 좋아하는 학생은 단팥빵을 좋아하는 학생보다 **2**명 더 많습니다.

[11~12] 소하가 가지고 있는 종류별 책 수를 조사하여 그래프로 나타냈습니다. 물음에 답하세요.

〈소하가 가지고 있는 종류별 책 수〉

10		/	
9		/	/
8		/	/
7	/	/	/
6	/	/	/	/
5	/	/	/	/
4	/	/	/	/
3	/	/	/	/
2	/	/	/	/
1	/	/	/	/
책 수(권) / 종류	과학책	동화책	수학책	위인전

241008-0400

11 그래프를 보고 표로 나타내 보세요.

〈소하가 가지고 있는 종류별 책 수〉

종류	과학책	동화책	수학책	위인전	합계
책 수(권)					

중요

241008-0401

12 많이 있는 책의 종류부터 순서대로 써 보세요.

( )

[13~15] 서윤이와 친구들이 가위바위보를 하여 이기면 ○표, 지면 ×표, 비기면 △표로 나타낸 것입니다. 물음에 답하세요.

	1회	2회	3회	4회	5회	6회	7회	8회	9회	10회
서윤	○	△	×	×	×	△	×	○	×	△
진우	×	△	×	○	○	△	×	×	○	△
영재	×	△	○	○	×	△	○	○	×	△

241008-0402

13 이긴 횟수를 표로 나타내 보세요.

〈서윤이와 친구들이 가위바위보를 하여 이긴 횟수〉

이름	서윤	진우	영재	합계
횟수(번)				

241008-0403

14 진 횟수를 /를 이용하여 그래프로 나타내 보세요.

〈서윤이와 친구들이 가위바위보를 하여 진 횟수〉

5			
4			
3			
2			
1			
횟수(번) / 이름	서윤	진우	영재

서술형

241008-0404

15 이긴 횟수가 진 횟수보다 많은 친구는 누구인지 풀이 과정을 쓰고 답을 구해 보세요.

풀이

(1) 서윤이는 이긴 횟수가 ( )번이고 진 횟수가 ( )번이므로 이긴 횟수가 진 횟수보다 ( ).

(2) 진우는 이긴 횟수가 ( )번이고 진 횟수가 ( )번이므로 이긴 횟수가 진 횟수보다 ( ).

(3) 영재는 이긴 횟수가 ( )번이고 진 횟수가 ( )번이므로 이긴 횟수가 진 횟수보다 ( ).

(4) 이긴 횟수가 진 횟수보다 많은 친구는 ( )입니다.

답 _____

[16~18] 모자 가게에 놓여 있는 모자의 색깔을 조사하여 표로 나타냈습니다. 물음에 답하세요.

〈모자 가게에 놓여 있는 색깔별 모자 수〉

색깔	빨강	노랑	파랑	초록	합계
모자 수 (개)	3	6	7	4	20

241008-0405

16 표를 보고 ×를 이용하여 그래프로 나타내 보세요.

〈모자 가게에 놓여 있는 색깔별 모자 수〉

7				
6				
5				
4				
3				
2				
1				
모자 수(개) 색깔	빨강	노랑	파랑	초록

241008-0406

17 5개보다 많이 놓여 있는 모자의 색깔을 모두 찾아 써 보세요.

( )

241008-0407

18 가장 많은 색깔의 모자 수와 가장 적은 색깔의 모자 수의 차는 몇 개인지 구해 보세요.

( )

[19~20] 서연이네 모둠 친구들이 방학 동안 읽은 책 수를 조사하여 그래프로 나타냈습니다. 물음에 답하세요.

〈서연이네 모둠 친구들이 방학 동안 읽은 책 수〉

30				
25	○			
20	○	○		
15	○	○		
10	○	○		
5	○	○		
책 수(권) 이름	서연	예준	다은	수호

241008-0408

19 세로의 한 칸은 책 몇 권을 나타내는지 써 보세요.

( )

도전 241008-0409

20 서연이네 모둠 친구들이 방학 동안 읽은 책이 모두 75권입니다. 다은이와 수호가 읽은 책 수가 같을 때 다은이가 읽은 책은 몇 권인지 구해 보세요.

( )

6

규칙 찾기

단원 학습 목표

1. 무늬에서 규칙을 찾아 다음에 올 모양을 찾을 수 있습니다.

2. 쌓은 모양에서 규칙을 찾고, 쌓은 모양을 설명할 수 있습니다.

3. 덧셈표와 곱셈표에서 다양한 규칙을 찾고, 규칙을 설명할 수 있습니다.

4. 생활에서 규칙을 찾고, 규칙을 설명할 수 있습니다.

해당 부분을 공부하고 나서 ✓표를 하세요.

서후네 반은 수학 시간에 여러 가지 규칙 찾기 놀이를 하기로 했어요. 교실에 걸려 있는 깃발을 보고 규칙을 찾을 수도 있고, 쌓기나무를 쌓은 모양에서 규칙을 찾아 다음에 쌓을 모양을 알 수도 있지요. 또 달력을 살펴보아도 규칙을 찾을 수 있어요.

이번 6단원에서는 무늬, 쌓은 모양, 덧셈표, 곱셈표, 생활에서 규칙을 찾고, 규칙을 설명하는 방법에 대해서 배울 거예요.

교과서
개념 배우기

개념 1 무늬에서 규칙을 찾아볼까요(I)

• 무늬에서 모양과 색깔의 규칙 찾기

• ☆, ♡가 반복됩니다.

• → 방향으로 파란색, 빨간색, 노란색이 반복됩니다.

• ↙ 방향으로 같은 색이 반복됩니다.

• 무늬에서 모양의 규칙 찾기

➡ ◯, ▣, △가 반복됩니다.

• 무늬에서 색깔의 규칙 찾기

♡♡♡♡♡♡♡♡

➡ 연두색, 보라색이 반복됩니다.

개념 2 무늬에서 규칙을 찾아볼까요(2)

• 무늬에서 표시된 부분의 규칙 찾기

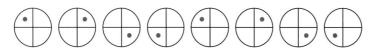

• ⊕이 시계 방향으로 돌아갑니다.

• 수가 늘어나는 규칙 찾기

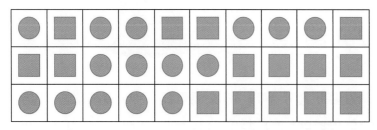

• ⬤ I개, ⬛ I개, ⬤ 2개, ⬛ 2개, ⬤ 3개, ⬛ 3개, …가 놓입니다.

• ⬤와 ⬛가 각각 I개씩 늘어나며 반복됩니다.

• 시계 방향과 시계 반대 방향

시계 반대 방향   시계 방향

문제를 풀며 이해해요

241008-0410

1 규칙에 따라 빈칸에 알맞게 색칠해 보세요.

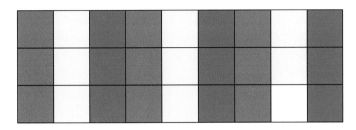

주어진 무늬에서 반복되는 규칙을 찾을 수 있는지 묻는 문제예요.

241008-0411

2 규칙에 따라 빈칸에 알맞은 모양을 그려 보세요.

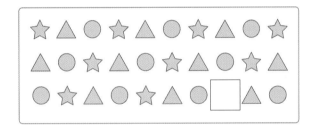

 ☆, △, ◯이 반복되는 규칙이에요.

241008-0412

3 규칙을 찾아 빈칸에 알맞은 과일에 ◯표 하세요.

배, 사과, 감이 반복되는 규칙이에요.

241008-0413

4 규칙을 찾아 빈칸을 알맞게 색칠해 보세요.

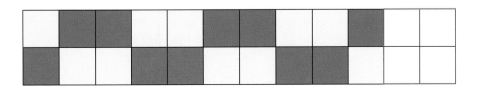

와 가 반복되는 규칙이에요.

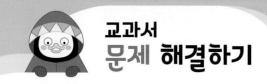

[01~03] 그림을 보고 물음에 답하세요.

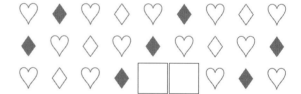

241008-0414

01 반복되는 모양에 ○표 하세요.

(   )   (   )

중요 241008-0415

02 규칙을 찾아 빈칸에 알맞은 모양을 그려 보세요.

중요 241008-0416

03 ○는 1, ●는 2, ◎는 3으로 바꾸어 나타내 보세요.

1	2	3	1	2	3	1
2						

[04~06] 그림을 보고 물음에 답하세요.

241008-0417

04 반복되는 모양에 ○표 하세요.

(   )   (   )

241008-0418

05 규칙을 찾아 빈칸에 알맞은 모양을 그려 보세요.

241008-0419

06 ♡는 1, ◆는 2, ◇는 3으로 바꾸어 나타내 보세요.

1	2	1	3	1	2	1	3	1
2								

07 규칙을 찾아 빈칸을 알맞게 색칠해 보세요.

241008-0420

[08~09] 규칙을 찾아 빈칸에 알맞은 모양을 그리고 색칠해 보세요.

08

241008-0421

09

241008-0422

도전 ▲ 241008-0423

10 규칙을 찾아 빈칸에 알맞은 모양을 그려 넣고, 규칙을 써 보세요.

규칙

도움말 무늬에서 반복되는 모양과 모양의 수를 살펴봅니다.

241008-0424

11 서영이가 규칙을 정해 왼쪽 달팽이 집을 완성하였습니다. 같은 규칙으로 모양을 바꾸어 오른쪽 달팽이 집을 완성해 보세요.

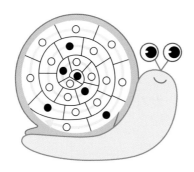

개념 3 쌓은 모양에서 규칙을 찾아볼까요

• 빨간색 쌓기나무를 기준으로 규칙 찾기

빨간색 쌓기나무가 있고 쌓기나무 1개가 위, 왼쪽으로 번갈아 가며 나타납니다.

• 쌓기나무를 쌓은 모양에서 규칙 찾기

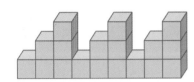

➡ 쌓기나무의 수가 왼쪽에서 오른쪽으로 1개, 2개, 3개씩 반복됩니다.

• 주변에서 규칙적으로 쌓은 모양

개념 4 다음에 올 모양을 알아볼까요

• 쌓기나무의 수가 늘어나는 규칙 찾기

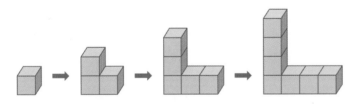

• ㄴ자 모양으로 쌓은 규칙입니다.
• 쌓기나무가 1개, 3개, 5개, ... 쌓여 있으므로 2개씩 늘어나는 규칙입니다.
• 쌓기나무 위와 오른쪽에 쌓기나무가 각각 1개씩 늘어납니다.

• 다음에 올 모양은 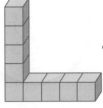 이고, 필요한 쌓기나무는 9개

입니다.

• 쌓은 모양에서 규칙 찾기

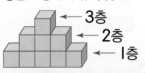

위층으로 올라갈수록 쌓기나무가 2개씩 줄어듭니다.

문제를 풀며 이해해요

[1~6] 규칙에 따라 쌓기나무를 쌓았습니다. ☐ 안에 알맞은 수를 써넣으세요.

 쌓기나무가 쌓여 있는 규칙을 찾고, 필요한 쌓기나무의 수를 아는지 묻는 문제예요.

241008-0425

1 첫째 모양을 쌓는 데 필요한 쌓기나무는 ☐ 개입니다.

△ 쌓기나무 왼쪽과 앞에 쌓기나무가 1개씩 늘어나는 규칙이에요.

241008-0426

2 둘째 모양을 쌓는 데 필요한 쌓기나무는 ☐ 개입니다.

241008-0427

3 셋째 모양을 쌓는 데 필요한 쌓기나무는 ☐ 개입니다.

241008-0428

4 넷째 모양을 쌓는 데 필요한 쌓기나무는 ☐ 개입니다.

241008-0429

5 쌓기나무를 쌓은 규칙을 찾아 써 보세요.

쌓기나무가 ☐ 개씩 늘어납니다.

241008-0430

6 다섯째 모양을 쌓는 데 필요한 쌓기나무는 ☐ 개입니다.

△ 다섯째에 쌓을 쌓기나무 모양을 생각해 보아요.

[01~04] 규칙에 따라 쌓기나무를 쌓았습니다. □ 안에 알맞은 수를 써넣으세요.

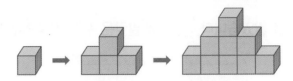

241008-0431
01 쌓기나무를 2층으로 쌓은 모양에서 쌓기나무는 □ 개입니다.

241008-0432
02 쌓기나무를 3층으로 쌓은 모양에서 쌓기나무는 □ 개입니다.

241008-0433
03 쌓기나무를 4층으로 쌓으려면 쌓기나무는 □ 개 필요합니다.

241008-0434
04 쌓기나무를 5층으로 쌓으려면 쌓기나무는 □ 개 필요합니다.

[05~06] 규칙에 따라 쌓기나무를 쌓았습니다. 쌓기나무를 쌓은 규칙을 찾아 써 보세요.

241008-0435
05
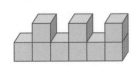

규칙 _____

_____

241008-0436
06
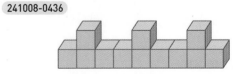

규칙 _____

_____

[07~08] 규칙에 따라 쌓기나무를 쌓았습니다. 물음에 답하세요.

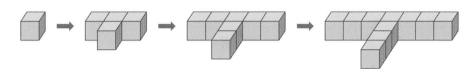

중요 241008-0437
07 쌓기나무가 늘어나는 규칙을 써 보세요.

규칙 _____

중요 241008-0438
08 다음에 올 모양을 쌓으려면 쌓기나무는 몇 개 필요한지 구해 보세요.   (   )

241008-0439
09 규칙에 따라 쌓기나무를 4층으로 쌓으려면 쌓기나무는 몇 개 필요한
지 구해 보세요.

(   )

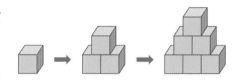

도전 241008-0440
10 규칙에 따라 쌓기나무를 5층으로 쌓으려면 쌓기나무는 몇 개 필요한지 구해 보세요.

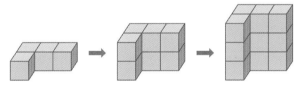

(   )

도움말 쌓기나무가 4개씩 늘어나고 있습니다.

 실생활 활용 문제 241008-0441

11 선우는 규칙에 따라 쌓기나무를 쌓았습니다. 선우가 쌓기나무를 쌓은 규칙을 써 보세요.

내가 쌓은 쌓기나무
모양에 어떤 규칙이
있는지 설명해 봐!

선우

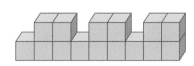

음...

제니

규칙 _____

개념 5 덧셈표에서 규칙을 찾아볼까요

+	0	1	2	3	4	5	6	7	8	9
0	0	1	2	3	4	5	6	7	8	9
1	1	2	3	4	5	6	7	8	9	10
2	2	3	4	5	6	7	8	9	10	11
3	3	4	5	6	7	8	9	10	11	12
4	4	5	6	7	8	9	10	11	12	13
5	5	6	7	8	9	10	11	12	13	14
6	6	7	8	9	10	11	12	13	14	15
7	7	8	9	10	11	12	13	14	15	16
8	8	9	10	11	12	13	14	15	16	17
9	9	10	11	12	13	14	15	16	17	18

- ▨으로 색칠한 수의 규칙
  - 오른쪽으로 갈수록 1씩 커집니다.
  - 왼쪽으로 갈수록 1씩 작아집니다.

- ▨으로 색칠한 수의 규칙
  - 아래로 내려갈수록 1씩 커집니다.
  - 위로 올라갈수록 1씩 작아집니다.

- ▨으로 색칠한 수의 규칙
  - ↘ 방향으로 갈수록 2씩 커집니다.
  - ↖ 방향으로 갈수록 2씩 작아집니다.

- ↙ 방향이나 ↗ 방향에 있는 수들은 모두 같습니다.

- → 방향(가로줄)에 있는 수들은 반드시 ↓ 방향(세로줄)에도 똑같이 있습니다.

· 덧셈표 완성하기

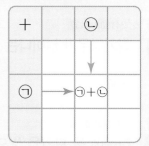

세로 칸에 있는 수와 가로 칸에 있는 수가 만나는 곳에 두 수의 합을 씁니다.

문제를 풀며 이해해요

[1~4] 덧셈표에서 규칙을 찾아 ☐ 안에 알맞은 수를 써넣고, 물음에 답하세요.

+	0	1	2	3	4	5	6	7	8	9
0	0	1	2	3	4	5	6	7	8	9
1	1	2	3	4	5	6	7	8	9	10
2	2	3	4	5	6	7	8	9	10	11
3	3	4	5	6	7	8	9	10	11	12
4	4	5	6	7	8	9	10		12	13
5	5	6	7	8	9	10	11	12	13	14
6	6	7	8	9	10	11	12	13	14	15
7	7	8	9	10	11		13	14		16
8	8	9		11	12	13		15	16	17
9	9	10	11	12	13	14	15		17	

덧셈표에서 규칙을 찾아 덧셈표를 완성할 수 있는지 묻는 문제예요.

241008-0442

1 ☐☐☐으로 색칠한 수는 오른쪽으로 갈수록 ☐ 씩 커집니다.

5, 6, 7, 8, 9, …에서 규칙을 찾아보아요.

241008-0443

2 ☐☐☐으로 색칠한 수는 아래로 내려갈수록 ☐ 씩 커집니다.

4, 5, 6, 7, 8, …에서 규칙을 찾아보아요.

241008-0444

3 ☐☐☐으로 색칠한 수는 ＼ 방향으로 갈수록 ☐ 씩 커집니다.

2, 4, 6, 8, 10, …에서 규칙을 찾아보아요.

241008-0445

4 덧셈표의 빈칸에 알맞은 수를 써넣으세요.

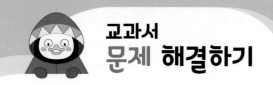
[01~03] 덧셈표를 보고 □ 안에 알맞은 수를 써넣으세요.

+	0	1	2	3	4
0	0	1	2	3	4
1	1	2	3	4	5
2	2	3	4	5	6
3	3	4	5	6	7
4	4	5	6	7	8

241008-0446
01 → 방향으로 갈수록 □ 씩 커집니다.

241008-0447
02 ↓ 방향으로 갈수록 □ 씩 커집니다.

241008-0448
03 ▨ 으로 색칠한 수는 ＼ 방향으로 갈수록 □ 씩 커집니다.

[04~07] 덧셈표를 보고 물음에 답하세요.

+	1	3	5	7	9
1	2	4	6	8	10
3	4		8	10	12
5	6	8			14
7	8	10		14	16
9	10	12	14	16	18

241008-0449
04 덧셈표의 빈칸에 알맞은 수를 써넣으세요.

241008-0450
05 ← 방향으로 갈수록 □ 씩 작아집니다.

241008-0451
06 ↓ 방향으로 갈수록 □ 씩 커집니다.

241008-0452
07 ▨ 으로 색칠한 수는 ＼ 방향으로 갈수록 □ 씩 (커집니다 , 작아집니다).

[08~10] 덧셈표를 보고 물음에 답하세요.

+	2	4	6	8	10
1	3	5	7	9	11
2	4	6	8	10	12
3	5	7	9	11	13
4	6	8	10	12	㉠
5	7	9	11	㉡	15

08 241008-0453

→ 방향으로 갈수록 몇씩 커지는지 써 보세요.

(   )

09 241008-0454

㉠과 ㉡에 알맞은 수는 각각 얼마인지 써 보세요.

㉠ (   ), ㉡ (   )

도전 **10** 241008-0455

▨ 으로 색칠한 수는 ╱ 방향으로 갈수록 □ 씩 (커집니다 , 작아집니다).

도움말 11, 10, 9, 8, 7에서 규칙을 찾습니다.

실생활 활용 문제 241008-0456

11 지우의 사물함 번호는 23번입니다. 지우의 사물함에 ○표 하세요.

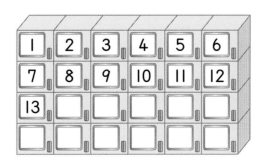

개념 6 곱셈표에서 규칙을 찾아볼까요

×	1	2	3	4	5	6	7	8	9
1	1	2	3	4	5	6	7	8	9
2	2	4	6	8	10	12	14	16	18
3	3	6	9	12	15	18	21	24	27
4	4	8	12	16	20	24	28	32	36
5	5	10	15	20	25	30	35	40	45
6	6	12	18	24	30	36	42	48	54
7	7	14	21	28	35	42	49	56	63
8	8	16	24	32	40	48	56	64	72
9	9	18	27	36	45	54	63	72	81

- ▨으로 색칠한 수의 규칙
  - 오른쪽으로 갈수록 2씩 커집니다.
  - 2단 곱셈구구입니다.

- ▨으로 색칠한 수의 규칙
  - 아래로 내려갈수록 5씩 커집니다.
  - 5단 곱셈구구입니다.
  - 일의 자리 숫자가 5와 0이 반복됩니다.

- 2단, 4단, 6단, 8단 곱셈구구에 있는 수는 모두 짝수입니다.

- 1단, 3단, 5단, 7단, 9단 곱셈구구에 있는 수는 홀수와 짝수가 반복됩니다.

- ▨으로 색칠한 수는 같은 두 수의 곱입니다.
  $1 \times 1 = 1$, $2 \times 2 = 4$, $3 \times 3 = 9$, $4 \times 4 = 16$, $5 \times 5 = 25$,
  $6 \times 6 = 36$, $7 \times 7 = 49$, $8 \times 8 = 64$, $9 \times 9 = 81$

- 곱셈표 완성하기

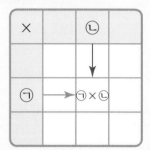

세로 칸에 있는 수와 가로 칸에 있는 수가 만나는 곳에 두 수의 곱을 씁니다.

- 가로줄에 있는 ★단 곱셈구구와 세로줄에 있는 ★단 곱셈구구는 ★씩 커집니다.

문제를 풀며 이해해요

[1~4] 곱셈표에서 규칙을 찾아 ☐ 안에 알맞은 수를 써넣고, 물음에 답하세요.

×	1	2	3	4	5	6	7	8	9
1	1	2	3	4	5	6	7	8	9
2	2	4	6	8	10	12	14	16	18
3	3	6	9	12	15	18	21	24	27
4	4	8	12	16	20	24	28	32	36
5	5	10	15	20	25	30	35	40	
6	6	12	18	24	30	36	42		
7	7	14	21	28	35	42	49	56	63
8	8	16	24	32	40		56	64	72
9	9	18	27	36	45	54		72	81

곱셈표에서 규칙을 찾아 곱셈표를 완성할 수 있는지 묻는 문제예요.

241008-0457

1 ▇▇▇으로 색칠한 수는 오른쪽으로 갈수록 ☐ 씩 커집니다.

◁ 7, 14, 21, 28, 35, ...에서 규칙을 찾아보아요.

241008-0458

2 ▇▇▇으로 색칠한 수는 아래로 내려갈수록 ☐ 씩 커집니다.

◁ 3, 6, 9, 12, 15, ...에서 규칙을 찾아보아요.

241008-0459

3 곱셈표를 보고 알맞은 말에 ○표 하세요.

▇▇▇으로 색칠한 수는 (같은 , 다른) 두 수의 곱입니다.

241008-0460

4 곱셈표의 빈칸에 알맞은 수를 써넣으세요.

◁ 곱셈구구를 외워 두 수의 곱을 구해 보아요.

[01~03] 곱셈표를 보고 물음에 답하세요.

×	1	2	3	4	5
1	1	2	3	4	5
2	2	4		8	10
3	3	6	9		15
4	4	8		16	20
5	5	10	15	20	

241008-0461

01 곱셈표의 빈칸에 알맞은 수를 써넣으세요.

241008-0462

02 　　　으로 색칠한 수의 규칙입니다. ☐ 안에 알맞은 수를 써넣으세요.

- 오른쪽으로 갈수록 ☐씩 커집니다.

- ☐단 곱셈구구입니다.

중요

241008-0463

03 　　　으로 색칠한 수의 규칙을 모두 고르세요. (　　　　　)

① 아래로 내려갈수록 5씩 커집니다.　　② 위로 올라갈수록 5씩 커집니다.

③ 3단 곱셈구구입니다.　　④ 5단 곱셈구구입니다.

⑤ 일의 자리 숫자가 5와 0이 반복됩니다.

[04~05] 곱셈표의 빈칸에 알맞은 수를 써넣으세요.

241008-0464

04

×	1	2	3	4
1	1	2	3	4
3	3	6		
5	5	10	15	
7	7		21	

241008-0465

05

×	2	4	6	8
1	2	4		8
2	4	8	12	
3	6	12	18	
4	8	16		

241008-0466

06 05 의 곱셈표를 보고 알맞은 말에 ○표 하세요.

곱셈표에 있는 수들은 모두 (짝수 , 홀수)입니다.

[07~08] 곱셈표를 보고 물음에 답하세요.

×	1	3	5	7	9
1	1	3	5	7	
3	3	9	15	㉠	㉡
5	5	15	25	㉢	㉣
7	7	21	♥	49	
9	9				81

중요
07 241008-0467
㉠~㉣ 중에서 ♥에 알맞은 수와 같은 수가 들어가는 곳을 찾아 기호를 써 보세요.

(   )

08 241008-0468
     으로 색칠한 수의 규칙을 써 보세요.

규칙 _____

_____

[09~10] 곱셈표에서 규칙을 찾아 빈칸에 알맞은 수를 써넣으세요.

도전
09 241008-0469

10	15	20	25
	18		30
14	21	28	35
16		32	

10 241008-0470

		48	54
	49		63
48	56	64	72
54	63	72	81

×	1	2	3	4		9
1	1	2	3	4	5	
2	2	4	6	8	10	
3	3	6	9	12	15	
4	4	8	12	16	20	48 54
5	5	10	15	20		49 56 63
						48 56 64 72
9	9	18	27	36	45 54 63 72 81	

도움말 가로로 또는 세로로 몇씩 커지는지 알아봅니다.

실생활 활용 문제   241008-0471

11   으로 색칠한 수와 규칙이 같은 곳을 색칠하고, 규칙을 써 보세요.

×	2	4	6	8
2	4	8	12	16
4	8	16	24	32
6	12	24	36	48
8	16	32	48	64

규칙 _____

_____

개념 7 생활에서 규칙을 찾아볼까요

• 달력에서 규칙 찾기

3월						
일	월	화	수	목	금	토
1	2	3	4	5	6	7
8	9	10	11	12	13	14
15	16	17	18	19	20	21
22	23	24	25	26	27	28
29	30	31				

• 신발장 번호에서 규칙 찾기

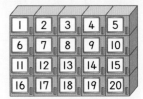

➡ 오른쪽으로 갈수록 1씩 커지고, 아래로 내려갈수록 5씩 커집니다.

• 월요일인 날짜는 2일, 9일, 16일, 23일, 30일입니다.

• 7일마다 같은 요일이 반복됩니다.

• 같은 줄에서 오른쪽으로 갈수록 수가 1씩 커집니다.

  → 방향으로 1씩 커집니다.

• 같은 요일에 있는 수는 아래로 내려갈수록 7씩 커집니다.

  ↓ 방향으로 7씩 커집니다.

• ╱ 방향으로 6씩 커집니다.

• ╲ 방향으로 8씩 커집니다.

• 생활에서 규칙 찾기

• 계절은 봄, 여름, 가을, 겨울이 규칙적으로 반복됩니다.

• 시계에 적힌 숫자는 시계 방향으로 1부터 12까지 1씩 커지는 규칙입니다.

• 신호등은 초록색, 노란색, 빨간색의 순서로 색깔이 바뀌는 규칙입니다.

• 버스 시간표에서 규칙 찾기

서울 → 대전
7시
7시 30분
8시
8시 30분
9시

➡ 버스가 30분 간격으로 출발합니다.

문제를 풀며 이해해요

[1~6] 어느 해의 I월 달력을 보고 ☐ 안에 알맞은 수를 써넣으세요.

I월						
일	월	화	수	목	금	토
			I	2	3	4
5	6	7	8	9	10	II
12	13	14	15	16	17	18
19	20	21	22	23	24	25
26	27	28	29	30	31	

달력에서 규칙을 찾을 수 있는지 묻는 문제예요.

241008-0472

1 목요일인 날짜는 2일, 9일, 16일, ☐일, ☐일입니다.

241008-0473

2 월요일인 날짜는 6일, 13일, ☐일, ☐일입니다.

241008-0474

3 같은 줄에서 오른쪽으로 갈수록 수가 ☐씩 커집니다.

달력의 수들은 오른쪽으로 갈수록 I씩 커져요.

241008-0475

4 같은 요일에 있는 수는 아래로 내려갈수록 ☐씩 커집니다.

달력의 수들은 아래로 내려갈수록 7씩 커져요.

241008-0476

5 ▨으로 색칠한 수는 3부터 27까지 ☐씩 커집니다.

241008-0477

6 ▨으로 색칠한 수는 I부터 25까지 ☐씩 커집니다.

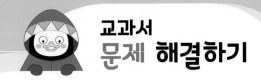
[01~04] 어느 해의 9월 달력의 일부분이 찢어져 보이지 않습니다. ☐ 안에 알맞은 수를 써넣으세요.

9월						
일	월	화	수	목	금	토
1	2	3	4	5	6	7
8	9	10	11			
15	16					

241008-0478
01 일요일인 날짜는 1일, 8일, 15일, ☐ 일, ☐ 일입니다.

241008-0479
02 수요일인 날짜는 4일, 11일, ☐ 일, ☐ 일입니다.

중요 241008-0480
03 토요일은 ☐ 일마다 반복됩니다.

241008-0481
04 셋째 목요일은 ☐ 일입니다.

241008-0482
05 초록색, 노란색, 빨간색의 순서로 켜지는 신호등이 있습니다. 초록색 다음에 켜질 신호등의 색깔은 무슨 색인지 써 보세요. ( )

[06~07] 시계를 보고 규칙을 찾아 물음에 답하세요.

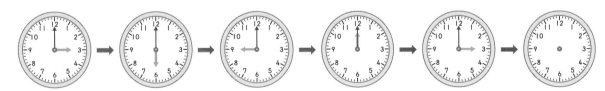

241008-0483
06 시계의 규칙을 써 보세요.

규칙 _____

241008-0484
07 마지막 시계에 짧은바늘과 긴바늘을 그려 보세요.

중요
241008-0485

08 지수는 공연을 보러 가서 ★ 의자에 앉았습니다. 지수의 자리는 몇 번인지 써 보세요.

(   )

[09~10] 어느 버스의 출발 시각을 나타낸 표입니다. 물음에 답하세요.

241008-0486

09 찾을 수 있는 규칙을 써 보세요.

규칙 _____

_____

	출발 시각
1회	09:00
2회	09:20
3회	09:40
4회	10:00
5회	10:20

도전 241008-0487

10 7회 버스가 출발하는 시각을 구해 보세요.

(   )

도움말 6회, 7회 버스가 출발하는 시각을 차례로 구합니다.

 241008-0488

11 승강기 버튼의 규칙에 대한 설명으로 옳지 <u>않은</u> 것을 찾아 기호를 써 보세요.

5	10	15
4	9	14
3	8	13
2	7	12
1	6	11

㉠ ↘ 방향으로 가면 **4**층씩 차이가 납니다.
㉡ ↗ 방향으로 가면 **3**층씩 차이가 납니다.
㉢ 오른쪽으로 한 칸 가면 **5**층 차이가 납니다.

(   )

241008-0489

01 규칙을 찾아 빈칸에 알맞은 모양을 그려 보세요.

(1)

(2)

[02~03] 그림을 보고 물음에 답하세요.

241008-0490

02 규칙을 찾아 빈칸에 알맞은 모양을 그려 보세요.

241008-0491

03 ▲는 I, ■는 2, ●는 3으로 바꾸어 나타내 보세요.

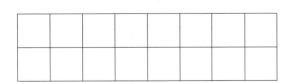

241008-0492

04 타일로 무늬를 만들려고 합니다. 규칙에 맞게 빈칸에 알맞은 모양을 그리고 색칠해 보세요.

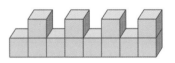

241008-0493

05 규칙에 따라 쌓기나무를 쌓았습니다. □ 안에 알맞은 수를 써넣으세요.

쌓기나무의 수가 왼쪽에서 오른쪽으로

□개, □개씩 반복됩니다.

중요

241008-0494

06 규칙에 따라 쌓기나무를 쌓았습니다. 다음에 이어질 모양에 쌓을 쌓기나무는 몇 개인지 구해 보세요.

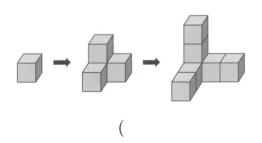

(   )

241008-0495

07 규칙에 따라 모양을 늘어놓을 때 19째에 놓이는 모양을 그려 보세요.

(   )

241008-0496

08 규칙에 따라 쌓기나무를 4층까지 쌓으려면 쌓기나무는 모두 몇 개 필요한지 구해 보세요.

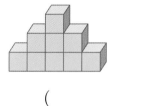

(   )

도전 241008-0497

09 규칙을 찾아 빈칸에 알맞은 수를 써넣으세요.

1	3	4	6	7	9		12

241008-0498

10 덧셈표를 보고 물음에 답하세요.

+	2	4	6	8	10
1	3	5		9	11
2	4	6			12
3	5	7	9	11	
4	6	8	10	12	
5	7	9	11	13	15

(1) 덧셈표의 빈칸에 알맞은 수를 써넣으세요.

(2) → 방향으로 갈수록 [   ]씩 커집니다.

(3) ↓ 방향으로 갈수록 [   ]씩 커집니다.

(4)   으로 색칠한 수는 ＼ 방향으로 갈수록 [   ]씩 (커집니다 , 작아집니다).

241008-0499

11 곱셈표에서 ①~⑤에 알맞은 수가 아닌 것은 어느 것인가요? (   )

×	2	4	6	8
1	①	4	6	②
3	6	12	③	24
5	10	④	30	40
7	14	28	42	⑤

① 2   ② 8   ③ 12

④ 20   ⑤ 56

241008-0500

12 곱셈표를 보고 물음에 답하세요.

×	1	3	5	7	9
1	1	3	5	7	9
3	3	9	15	21	
5	5	15	25		
7	7	21			
9	9				

(1) 곱셈표의 빈칸에 알맞은 수를 써넣으세요.

(2) ▨로 색칠한 수와 같은 규칙이 있는 곳을 찾아 색칠해 보세요.

241008-0501

13 덧셈표에서 규칙을 찾아 빈칸에 알맞은 수를 써넣으세요.

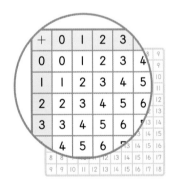

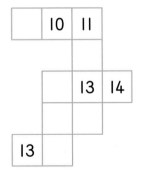

	10	11	
		13	14
13			

241008-0502

14 규칙을 찾아 빈칸에 알맞은 수를 써넣으세요.

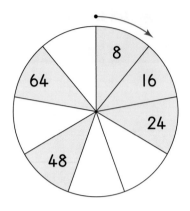

중요
15 곱셈표에서 규칙을 찾아 빈칸에 알맞은 수를 써넣으세요.

241008-0503

×	1	2	3	4	5		8	9
1	1	2	3	4	5			9
2	2	4	6	8	10			18
3	3	6	9	12	15			27
4	4	8	12	16	20			36
5	5	10	15	20				45
							48	54
8						48	56	64	72
9	9	18	27	36	45	54	63	72	81

24		
30	35	
		48
35		49

[16~18] 어느 해의 7월 달력의 일부분입니다. 물음에 답하세요.

7월						
일	월	화	수	목	금	토
					1	2
3	4	5	6	7	8	9
	12	13	14	15	16	
				22	23	

241008-0504

16 화요일인 날짜는 5일, 12일, ☐일, ☐일입니다.

241008-0505

17 넷째 일요일은 며칠인지 구해 보세요.

( )

241008-0506

18 ☐에서 두 수의 합이 같은 것끼리 찾아 덧셈식을 완성해 보세요.

15 + ☐ = ☐ + 22

241008-0507

19 승강기 버튼의 규칙에 대한 설명으로 잘못된 것을 찾아 기호를 써 보세요.

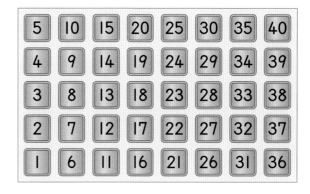

○ → 방향으로 가면 **5**층씩 차이가 납니다.
○ ↗ 방향으로 가면 **6**층씩 차이가 납니다.
○ ↘ 방향으로 가면 **3**층씩 차이가 납니다.
○ ↑ 방향으로 가면 **1**층씩 차이가 납니다.

( )

서술형 241008-0508

20 시계의 규칙을 찾아 쓰고, 마지막 시계에 짧은바늘과 긴바늘을 그려 보세요.

풀이
(1) 시계는 ( )분씩 지나는 규칙이 있습니다.
(2) 마지막 시계에 짧은바늘과 긴바늘을 그려 보세요.

MEMO

곱셈구구

곱셈구구를 소리내어 읽어 보아요.

2단

2 × 1 = 2
2 × 2 = 4
2 × 3 = 6
2 × 4 = 8
2 × 5 = 10
2 × 6 = 12
2 × 7 = 14
2 × 8 = 16
2 × 9 = 18

3단

3 × 1 = 3
3 × 2 = 6
3 × 3 = 9
3 × 4 = 12
3 × 5 = 15
3 × 6 = 18
3 × 7 = 21
3 × 8 = 24
3 × 9 = 27

4단

4 × 1 = 4
4 × 2 = 8
4 × 3 = 12
4 × 4 = 16
4 × 5 = 20
4 × 6 = 24
4 × 7 = 28
4 × 8 = 32
4 × 9 = 36

5단

5 × 1 = 5
5 × 2 = 10
5 × 3 = 15
5 × 4 = 20
5 × 5 = 25
5 × 6 = 30
5 × 7 = 35
5 × 8 = 40
5 × 9 = 45

6단

6 × 1 = 6
6 × 2 = 12
6 × 3 = 18
6 × 4 = 24
6 × 5 = 30
6 × 6 = 36
6 × 7 = 42
6 × 8 = 48
6 × 9 = 54

7단

7 × 1 = 7
7 × 2 = 14
7 × 3 = 21
7 × 4 = 28
7 × 5 = 35
7 × 6 = 42
7 × 7 = 49
7 × 8 = 56
7 × 9 = 63

8단

8 × 1 = 8
8 × 2 = 16
8 × 3 = 24
8 × 4 = 32
8 × 5 = 40
8 × 6 = 48
8 × 7 = 56
8 × 8 = 64
8 × 9 = 72

9단

9 × 1 = 9
9 × 2 = 18
9 × 3 = 27
9 × 4 = 36
9 × 5 = 45
9 × 6 = 54
9 × 7 = 63
9 × 8 = 72
9 × 9 = 81

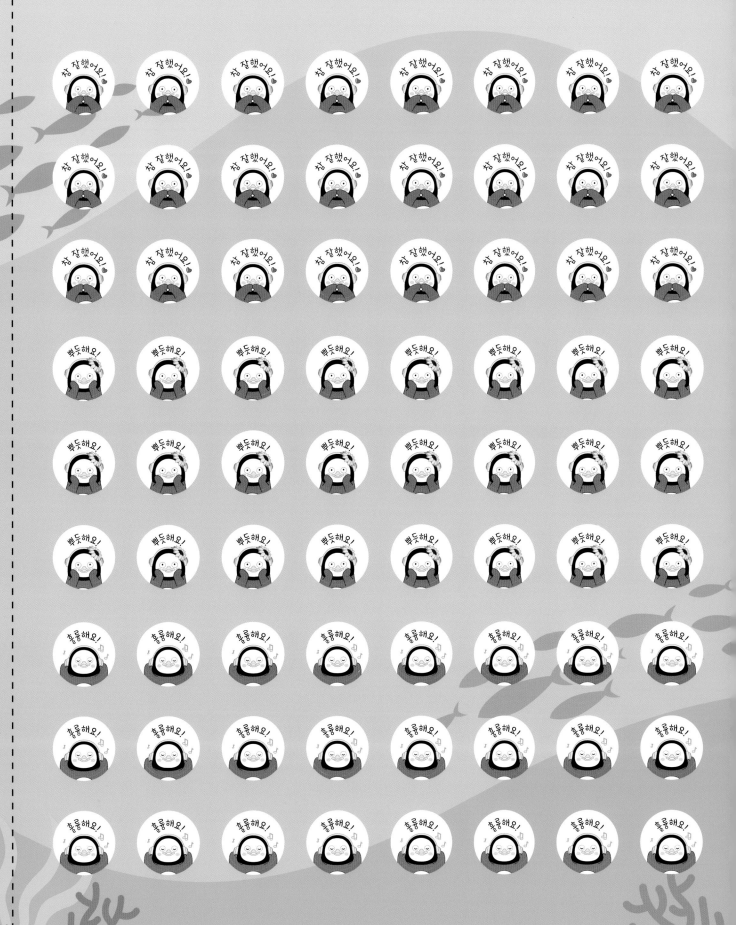

BOOK 1
개념책

BOOK 1 개념책으로
학습 개념을
확실하게 공부했나요?

BOOK 2
실전책

BOOK 2 실전책에는
요점 정리가 있어서
공부한 내용을 복습할 수 있어요!

단원 평가가 들어 있어
내 실력을 확인해 볼 수 있답니다.

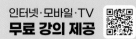

인터넷·모바일·TV
무료 강의 제공

초|등|부|터 EBS

만점왕

수학 2-2

BOOK 2
실전책

예습·복습·숙제까지 해결되는
교과서 완전 학습서

초등학생을 위한 창작 동화
EBS 꿈틀동화 시리즈

말총 말고 말사탕

**게임이 제일 좋은 아이들,
모두가 좋아하는 놀이터를 만들 거야!**

가상 놀이터 '주피터'는 아이들의 천국이다.
달이, 환이, 규동이는 틈만 나면 이곳에서 게임을 한다.
가상 세계에도 규칙이 필요하다는 걸 깨닫고
이들은 새로운 게임 놀이터를 만들기로 하는데,

**그곳은 바로 '말총' 말고
'말사탕'만 있는 놀이터!**

글 윤해연 | 그림 이갑규 | 값 12,000원

★ 2022 한국문화예술위원회 아르코문학창작기금 수상

나나랜드

**나를 기억해 주는 친구가
단 한명만 있어도 살아갈 의미가 있다!**

내 주변에 있는 사람이 며칠째 보이지 않는다면
그중 누군가는 나나랜드에 있을 수 있다.
그들을 찾기 위해 명탐정 미도가 나타났다!
가상 공간 나나랜드 속으로 사라진 친구
요한이를 찾아 떠나는 미도의 특별한 여행!

**끝도 없는 상상력에 빠져드는
한 편의 영화 같은 SF 판타지 동화!**

글 전현정 | 그림 이경석 | 값 13,000원

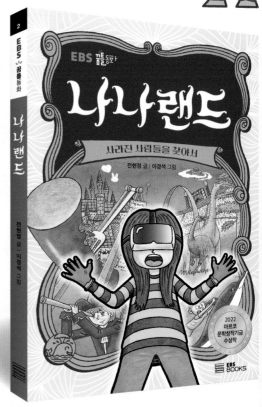

만점왕

BOOK 2 실전책

수학 2-2

BOOK 2 실전책

시험 2주 전 공부

핵심을 복습하기

시험이 2주 남았네요. 이럴 땐 먼저 핵심을 복습해 보면 좋아요.

만점왕 북2 실전책을 펴 보면

각 단원별로 핵심 정리와 확인 문제가 있습니다.

정리된 핵심을 읽고 확인 문제를 풀어 보세요.

문제가 어렵게 느껴지거나 자신 없는 부분이 있다면

북1 개념책을 찾아서 다시 읽어 보는 것도 도움이 돼요.

시험 1주 전 공부

시간을 정해 두고 연습하기

앗, 이제 시험이 일주일 밖에 남지 않았네요.

시험 직전에는 실제 시험처럼 시간을 정해 두고 문제를 푸는 연습을 하는 게 좋아요.

그러면 시험을 볼 때에 떨리는 마음이 줄어드니까요.

이때에는 **만점왕 북2의 학교 시험 만점왕**을 풀어 보면 돼요.

시험 시간에 맞게 풀어 본 후 맞힌 개수를 세어 보면

자신의 실력을 알아볼 수 있답니다.

이 책의 **차례**

BOOK
2

실전책

❶ 천, 몇천을 알아볼까요

· 100이 10개이면 1000이라 쓰고, 천이라고 읽습니다.

· 1000이 3개이면 3000이라 쓰고, 삼천이라고 읽습니다.

❷ 네 자리 수를 알아볼까요

1000이 7개, 100이 5개, 10이 3개, 1이 8개이면 7538이라 쓰고, 칠천오백삼십팔이라고 읽습니다.

❸ 각 자리의 숫자는 얼마를 나타낼까요

천의 자리	백의 자리	십의 자리	일의 자리
5	3	1	9

5는 5000을,
3은 300을, 1은 10을,
9는 9를 나타냅니다.

❹ 뛰어 세어 볼까요

· 1000씩 뛰어 세기
3210-4210-5210-6210-7210

· 100씩 뛰어 세기
3210-3310-3410-3510-3610

· 10씩 뛰어 세기
3210-3220-3230-3240-3250

· 1씩 뛰어 세기
3210-3211-3212-3213-3214

❺ 수의 크기를 비교해 볼까요

· 5218 > 4921
　　5>4

· 5218 > 5121
　　2>1

· 5218 > 5209
　　1>0

· 5218 > 5215
　　8>5

241008-0509

01 ☐ 안에 알맞은 수를 써넣으세요.

· 1000은 900보다 ☐ 만큼 더 큰 수입니다.

· 1000은 990보다 ☐ 만큼 더 큰 수입니다.

🎉 100이 10개이면 1000입니다.

241008-0510

02 수 모형을 보고 ☐ 안에 알맞은 수를 써넣으세요.

1000이 ☐ 개	100이 ☐ 개	10이 ☐ 개	1이 ☐ 개

➡ ☐

03 241008-0511
수를 바르게 읽은 것에 ○표 하세요.

7008 ➡ 칠천팔   7080 ➡ 칠천팔백

(   )   (   )

> 0인 자리는 읽지 않습니다.

04 241008-0512
다음이 나타내는 수를 써 보세요.

1000 1000 1000 1000   1 1 1 1 1 1

(   )

> 1000, 100, 10, 1이 각각 몇 개인지 알아봅니다.

05 241008-0513
숫자 4가 400을 나타내는 수를 찾아 기호를 써 보세요.

㉠ 4019   ㉡ 5941   ㉢ 7405

(   )

> 숫자 4가 어느 자리의 숫자이어야 하는지 생각해 봅니다.

06 241008-0514
100씩 뛰어 세어 보세요.

4729 ― ― 4929 ― ―

> 1000씩, 100씩, 10씩, 1씩 뛰어 세면 각각 천의 자리, 백의 자리, 십의 자리, 일의 자리 숫자가 1씩 커집니다.

07 241008-0515
2561에서 1000씩 4번 뛰어 센 수를 써 보세요.

(   )

[08~09] 수의 크기를 비교하여 ○ 안에 >, <를 알맞게 써넣으세요.

> 네 자리 수의 크기를 비교할 때에는 천, 백, 십, 일의 자리의 순서로 크기를 비교합니다.

08 241008-0516
9650 ◯ 8920

09 241008-0517
7409 ◯ 7930

10 241008-0518
가장 작은 수를 찾아 ○표 하세요.

4888   4789   4832

1. 네 자리 수

01 241008-0519
수 모형을 보고 □ 안에 알맞은 수 또는 말을 써넣으세요.

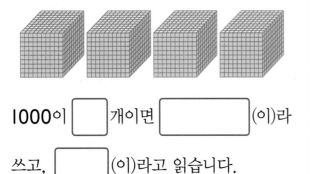

1000이 □개이면 [   ](이)라 쓰고, [   ](이)라고 읽습니다.

02 241008-0520
빈칸에 알맞은 수 또는 말을 써넣으세요.

(1)
쓰기	읽기
7000	

(2)
쓰기	읽기
	구천

03 241008-0521
5000원이 되려면 1000원짜리 지폐가 몇 장 더 있어야 할까요?

(   )

04 241008-0522
1000이 1개, 100이 5개, 10이 8개, 1이 6개인 수를 쓰고 읽어 보세요.

쓰기 (   )

읽기 (   )

05 241008-0523
다음이 나타내는 수보다 400만큼 더 큰 수를 써 보세요.

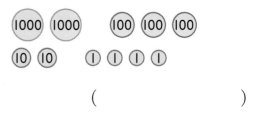

(   )

06 241008-0524
수를 바르게 읽은 것은 어느 것인가요?
(   )

① 1430 – 천사십삼백
② 2081 – 이천팔백일
③ 7101 – 칠천백십
④ 5520 – 오천오백이십
⑤ 3103 – 삼천백삼십

07 241008-0525
백의 자리 숫자가 나타내는 수가 가장 큰 수를 찾아 기호를 써 보세요.

㉠ 5238	㉡ 7891	㉢ 3907

(   )

08 241008-0526
네 자리 수를 덧셈식으로 나타냈습니다. □ 안에 알맞은 수를 써넣으세요.

(1) [   ]=7000+300+40+1

(2) [   ]=8000+50+6

09 241008-0527

얼마씩 뛰어 세었는지 써 보세요.

| 2039 | 2049 | 2059 | 2069 |

➡ [   ] 씩 뛰어 세었습니다.

10 241008-0528

➡은 1000씩 뛰어 세고, ➡은 100씩 뛰어 세어 보세요.

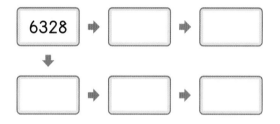

6328 ➡ [   ] ➡ [   ]
⬇
[   ] ➡ [   ] ➡ [   ]

서술형
11 241008-0529

6719에서 1000씩 2번 뛰어 센 다음, 100씩 거꾸로 3번 뛰어 세면 어떤 수가 되는지 풀이 과정을 쓰고 답을 구해 보세요.

풀이 _____

_____

_____

답 _____

12 241008-0530

바르게 말한 사람을 찾아 이름을 써 보세요.

은경: 4291은 4200보다 작아.
시경: 4291에서 2는 2000을 나타내.
재형: 4291은 4290보다 커.

(   )

서술형
13 241008-0531

천의 자리 숫자, 백의 자리 숫자, 십의 자리 숫자, 일의 자리 숫자가 모두 같고 5000보다 큰 네 자리 수는 몇 개인지 풀이 과정을 쓰고 답을 구해 보세요.

풀이 _____

_____

_____

답 _____

14 241008-0532

3000원으로 살 수 있는 학용품을 고른 사람의 이름을 써 보세요.

우재	하영
3500원	2800원

(   )

15 241008-0533

2505보다 크고 2509보다 작은 네 자리 수를 모두 써 보세요.

(   )

1. 네 자리 수

241008-0534
01 ☐ 안에 알맞은 수를 써넣으세요.

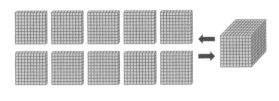

100이 ☐ 개이면 1000입니다.

241008-0535
02 색종이가 1000장씩 담겨 있는 상자가 5상자 있습니다. 색종이는 모두 몇 장인가요?

( )

241008-0536
03 수 모형이 나타내는 수를 쓰고 읽어 보세요.

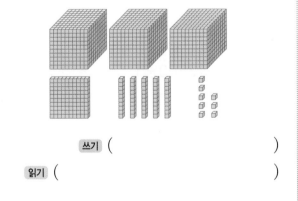

쓰기 ( )

읽기 ( )

241008-0537
04 5020을 바르게 읽은 것에 ○표 하세요.

오천이백   오천이십

( )   ( )

241008-0538
05 4890을 바르게 설명한 것을 찾아 기호를 써 보세요.

> ㉠ 1000이 4개, 100이 8개, 1이 9개인 수입니다.
> ㉡ 사백팔십구라고 읽습니다.
> ㉢ 천의 자리 숫자는 4000을 나타냅니다.

( )

241008-0539
06 2112를 ⟨1000⟩, ⟨100⟩, ⟨10⟩, ⟨1⟩을 이용하여 나타내 보세요.

241008-0540
07 다음을 만족하는 수를 보기 에서 찾아 써 보세요.

> • 천의 자리 숫자가 백의 자리 숫자보다 큽니다.
> • 십의 자리 숫자와 일의 자리 숫자의 합은 12입니다.

보기

1408   2395   4381
9375   5566

( )

08 241008-0541

천의 자리 숫자가 8이고, 십의 자리 숫자가 90을 나타내는 수를 찾아 써 보세요.

| 8943 | 8092 | 9800 |

(   )

09 241008-0542

밑줄 친 숫자가 얼마를 나타내는지 써 보세요.

(1) 2<u>5</u>74 ➡ [   ]

(2) 90<u>2</u>7 ➡ [   ]

10 241008-0543

빈칸에 알맞은 수를 써넣으세요.

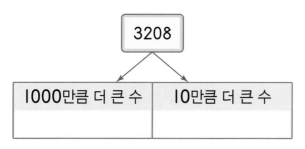

1000만큼 더 큰 수	10만큼 더 큰 수

11 241008-0544

수인이와 같은 방법으로 뛰어 세어 보세요.

4830 - 4730 - 4630 - 4530

수인

| 7705 | | | |

12 241008-0545

수 모형이 나타내는 수에서 1000씩 4번 뛰어 센 수를 써 보세요.

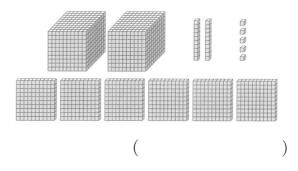

(   )

13 241008-0546

수의 크기를 바르게 비교한 것에 ○표 하세요.

5632 > 5634   6742 < 6800

(   )   (   )

서술형

14 241008-0547

가장 큰 수는 어느 것인지 찾아 쓰려고 합니다. 풀이 과정을 쓰고 답을 구해 보세요.

| 오천사십오 | 오천이백칠 | 오천삼백 |

풀이 _____

_____

_____

답 _____

서술형

15 241008-0548

0부터 9까지의 수 중에서 ☐ 안에 들어갈 수 있는 숫자는 모두 몇 개인지 풀이 과정을 쓰고 답을 구해 보세요.

4432 > 4☐63

풀이 _____

_____

_____

답 _____

❶ 2단 곱셈구구를 알아볼까요

×	1	2	3	4	5	6	7	8	9
2	2	4	6	8	10	12	14	16	18

❷ 5단 곱셈구구를 알아볼까요

×	1	2	3	4	5	6	7	8	9
5	5	10	15	20	25	30	35	40	45

❸ 3단, 6단 곱셈구구를 알아볼까요

×	1	2	3	4	5	6	7	8	9
3	3	6	9	12	15	18	21	24	27
6	6	12	18	24	30	36	42	48	54

❹ 4단, 8단 곱셈구구를 알아볼까요

×	1	2	3	4	5	6	7	8	9
4	4	8	12	16	20	24	28	32	36
8	8	16	24	32	40	48	56	64	72

❺ 7단 곱셈구구를 알아볼까요

×	1	2	3	4	5	6	7	8	9
7	7	14	21	28	35	42	49	56	63

❻ 9단 곱셈구구를 알아볼까요

×	1	2	3	4	5	6	7	8	9
9	9	18	27	36	45	54	63	72	81

●단 곱셈구구에서 곱하는 수가 1씩 커지면 곱은 ●씩 커집니다.

❼ 1단 곱셈구구와 0의 곱을 알아볼까요

×	1	2	3	4	5	6	7	8	9
1	1	2	3	4	5	6	7	8	9

• 0과 어떤 수의 곱은 항상 0입니다.
  어떤 수와 0의 곱은 항상 0입니다.

---

01 241008-0549

그림을 보고 □ 안에 알맞은 수를 써넣으세요.

$2+2+2+2+2=\boxed{}$, $2×5=\boxed{}$

■씩 ●묶음은 ■×●으로 나타낼 수 있습니다.

02 241008-0550

떡의 수를 곱셈식으로 나타내 보세요.

$3×\boxed{}=\boxed{}$

03 수직선을 보고 ☐ 안에 알맞은 수를 써넣으세요.

241008-0551

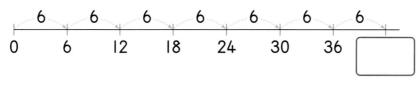

수직선에서 ■씩 ●번 뛰어 세면 ■ × ●으로 나타낼 수 있습니다.

[04~05] 빈칸에 알맞은 수를 써넣으세요.

04 241008-0552

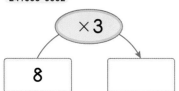

05 241008-0553

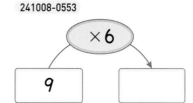

8단과 9단 곱셈구구를 외워 봅니다.

[06~07] ☐ 안에 알맞은 수를 써넣으세요.

06 241008-0554

$1 \times 8 =$ ☐

07 241008-0555

$0 \times 9 =$ ☐

1과 어떤 수의 곱, 0과 어떤 수의 곱은 얼마인지 생각해 봅니다.

[08~10] 곱셈표를 보고 물음에 답하세요.

×	1	2	3	4	5	6	7	8	9
5	5					30	35		
6	6	12					42		
7	7				35	42			

08 241008-0556

빈칸에 알맞은 수를 써넣어 곱셈표를 완성해 보세요.

09 241008-0557

7단 곱셈구구에서는 곱이 얼마씩 커지는지 써 보세요.

(   )

10 241008-0558

5×6과 곱과 같은 곱셈구구를 써 보세요. (   )

2. 곱셈구구

241008-0559

01 그림을 보고 ☐ 안에 알맞은 수를 써넣으세요.

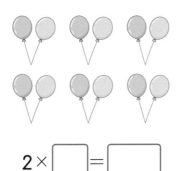

$2 \times \boxed{} = \boxed{}$

241008-0560

02 3단 곱셈구구의 값을 찾아 이어 보세요.

3×2 ·		· 24
3×8 ·		· 18
3×6 ·		· 6

241008-0561

03 한 상자에 펜이 5자루씩 들어 있습니다. 6상자에 들어 있는 펜은 모두 몇 자루일까요?

( )

241008-0562

04 양 5마리의 다리는 모두 몇 개일까요?

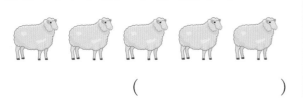

( )

241008-0563

05 ☐ 안에 알맞은 수를 써넣으세요.

7×9는 7×8에 ☐을/를 더해서 구할 수 있습니다.

241008-0564

06 인형은 모두 몇 개인지 구해 보세요.

( )

241008-0565

07 빵의 수를 곱셈식으로 잘못 나타낸 것을 찾아 기호를 써 보세요.

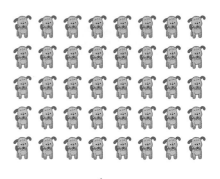

㉠ 2×9	㉡ 3×6	㉢ 6×3
㉣ 6×4	㉤ 9×2	

( )

241008-0566

08 빈칸에 알맞은 수를 써넣으세요.

×	2	4	6	8
7	14			

241008-0567
09 빈칸에 알맞은 수를 써넣으세요.

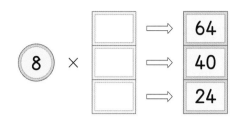

241008-0568
10 6×5를 계산하는 방법입니다. ☐ 안에 알맞은
수를 써넣으세요.

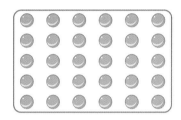

$6 \times 2 = \boxed{}$ 와/과 $6 \times \boxed{} = \boxed{}$

을/를 더해서 계산합니다.

서술형
241008-0569
11 ★ × ♥의 값은 얼마인지 풀이 과정을 쓰고 답
을 구해 보세요.

- $7 \times 1 = ★$
- $♥ \times 9 = 9$

풀이 _____

_____

_____

답 _____

241008-0570
12 ☐ 안에 공통으로 들어갈 수를 구해 보세요.

$5 \times \boxed{} = 0$ $7 \times \boxed{} = 0$ $\boxed{} \times 6 = 0$

(   )

241008-0571
13 곱셈표를 완성해 보고 3×5와 곱이 같은 곱셈
구구를 써 보세요.

×	1	2	3	4	5	6	7	8	9
2	2	4							18
3	3						24		
4			12			28			
5				25					
6			24		36				

(   )

241008-0572
14 곱셈표에서 ㉠과 ㉡에 알맞은 수의 차를 구해
보세요.

×	2	3	4	5	6	7	8
6	12	18			㉠		
9	18			㉡			

(   )

서술형
241008-0573
15 윤주는 가지고 있던 사탕을 한 봉지에 8개씩 7
봉지에 담았더니 4개가 남았습니다. 윤주가 처
음에 가지고 있던 사탕은 모두 몇 개인지 풀이
과정을 쓰고 답을 구해 보세요.

풀이 _____

_____

_____

답 _____

2. 곱셈구구

[01~02] 그림을 보고 □ 안에 알맞은 수를 써넣으세요.

01 241008-0574

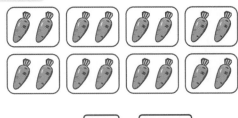

$$2 \times \boxed{} = \boxed{}$$

02 241008-0575

$$5 \times \boxed{} = \boxed{}$$

03 241008-0576

기린 6마리의 다리 수를 구하는 방법을 **잘못** 말한 사람을 찾아 이름을 써 보세요.

미경: 4+4+4+4+4+4로 4씩 6번 더해서 구할 수 있어.
보빈: 4×4에 4를 더해서 구할 수 있어.
제민: 4×6으로 구할 수 있어.

(   )

04 241008-0577

7단 곱셈구구의 값을 모두 찾아 ○표 하세요.

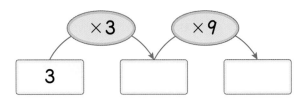

05 241008-0578

빈칸에 알맞은 수를 써넣으세요.

06 241008-0579

도넛의 수를 곱셈식으로 바르게 나타낸 것을 찾아 ○표 하세요.

7×5=35	8×4=32	9×5=45
( )	( )	( )

07 241008-0580

크레파스 한 개의 길이는 8 cm입니다. 크레파스 4개를 이은 길이를 곱셈식으로 나타내 보세요.

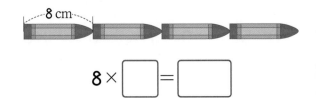

$$8 \times \boxed{} = \boxed{}$$

08 241008-0581
그림을 보고 □ 안에 알맞은 수를 써넣으세요.

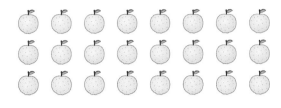

$3 \times \boxed{} = 24$, $8 \times \boxed{} = 24$

$4 \times \boxed{} = 24$, $6 \times \boxed{} = 24$

09 241008-0582
곱이 12인 것을 모두 찾아 ○표 하세요.

2×6	3×4	4×3	5×3
6×2	7×3	8×2	9×2

서술형
10 241008-0583
□ 안에 알맞은 수가 가장 작은 것을 찾아 기호를 쓰려고 합니다. 풀이 과정을 쓰고 답을 구해 보세요.

ⓐ $\boxed{} \times 6 = 24$ ⓑ $8 \times \boxed{} = 56$
ⓒ $5 \times \boxed{} = 45$ ⓓ $\boxed{} \times 8 = 48$

풀이 _____

_____

답 _____

11 241008-0584
빈칸에 알맞은 수를 써넣으세요.

×	1	6	3	8
0				

12 241008-0585
㉠과 ㉡에 알맞은 수의 곱을 구해 보세요.

한결: 어떤 수에 ㉠을 곱하면 어떤 수가 돼.
승아: ㉡에 어떤 수를 곱하면 모두 0이야.

( )

13 241008-0586
곱셈표에서 곱이 ♥와 같은 칸에 ○표 하세요.

×	1	2	3	4	5	6	7	8	9
7	7	14			35	42			
8	8		24	32			56	64	
9							♥		

14 241008-0587
곱셈표에서 ♣에 알맞은 수를 구해 보세요.

×	1	2	3	4	5	6	7	8	9
		10		20			35		45
				32					♣

( )

서술형
15 241008-0588
농장에 닭 9마리와 돼지 7마리가 있습니다. 닭과 돼지의 다리는 모두 몇 개인지 풀이 과정을 쓰고 답을 구해 보세요.

풀이 _____

_____

답 _____

❶ cm보다 더 큰 단위를 알아볼까요

• 100 cm는 1 m와 같습니다. 1 m는 1미터라고 읽습니다.

• 130 cm를 1 m 30 cm라고도 씁니다. 1 m 30 cm를 1미터 30센티미터라고 읽습니다.

❷ 길이의 합을 구해 볼까요

길이의 합은 m는 m끼리, cm는 cm끼리 더하여 구합니다.

1 m 40 cm + 2 m 50 cm = 3 m 90 cm

❸ 길이의 차를 구해 볼까요

길이의 차는 m는 m끼리, cm는 cm끼리 빼서 구합니다.

5 m 80 cm − 3 m 20 cm = 2 m 60 cm

❹ 길이를 어림해 볼까요

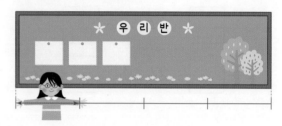

길이가 약 1 m인 양팔을 벌린 길이로 4번 잰 길이: 약 4 m

241008-0589

01 ☐ 안에 알맞은 수를 써넣으세요.

1 m 10 cm는 1 m보다 ☐ cm 더 깁니다.

[02~03] 그림을 보고 두 가지 방법으로 길이를 나타내 보세요.

241008-0590

02

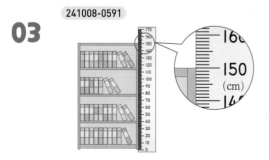

☐ cm

= ☐ m

241008-0591

03

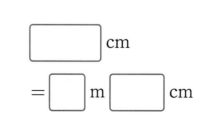

☐ cm

= ☐ m ☐ cm

100 cm보다 더 긴 길이는 100 cm=1 m임을 이용하여 몇 m 몇 cm로 나타낼 수 있습니다.

04 241008-0592
□ 안에 알맞은 수를 써넣으세요.

$$325\,\text{cm} = \boxed{}\,\text{m}\,\boxed{}\,\text{cm}$$

05 241008-0593
길이를 읽어 보세요.

6 m 70 cm

(　　　　　　　　　　)

m는 미터, cm는 센티미터라고 읽습니다.

06 241008-0594
관계있는 것끼리 이어 보세요.

2 m 90 cm　•　　　•　209 cm

2 m 9 cm　•　　　•　290 cm

07 241008-0595
길이가 1 m보다 긴 것에 모두 ○표 하세요.

줄넘기의 길이　　연필의 길이　　농구대의 높이

(　　　)　　(　　　)　　(　　　)

1 m＝100 cm를 이용하여 물건의 길이를 어림합니다.

08 241008-0596
7 m보다 40 cm 더 긴 길이는 몇 cm인지 써 보세요.

(　　　　　　　　　　)

09 241008-0597
양팔을 벌린 길이가 약 1 m일 때 사물함 긴 쪽의 길이를 구해 보세요.

약 □ m

양팔을 벌린 길이로 몇 번 재면 되는지 알아봅니다.

10 241008-0598
□ 안에 알맞은 수를 써넣으세요.

(1)
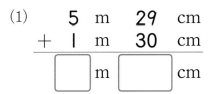
　　5 m　29 cm
＋　1 m　30 cm
────────────
　□ m　□ cm

(2)
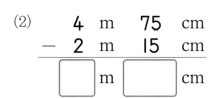
　　4 m　75 cm
－　2 m　15 cm
────────────
　□ m　□ cm

길이의 합과 차는 m는 m끼리, cm는 cm끼리 더하거나 빼서 계산합니다.

3. 길이 재기

01 241008-0599
□ 안에 알맞은 수를 써넣으세요.

(1) 2 m = [　　　] cm

(2) 683 cm = [　] m [　] cm

02 241008-0600
길이를 읽어 보세요.

> 7 m 5 cm

(　　　　　　　　　)

03 241008-0601
어항 긴 쪽의 길이는 몇 m 몇 cm인지 써 보세요.

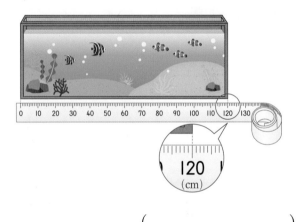

120
(cm)

(　　　　　　　　　)

04 241008-0602
관계있는 것끼리 이어 보세요.

2 m 5 cm	•	•	250 cm
2 m 50 cm	•	•	205 cm
5 m 20 cm	•	•	520 cm

05 241008-0603
길이가 긴 것부터 순서대로 기호를 써 보세요.

> ㉠ 430 cm　　㉡ 4 m 3 cm
> ㉢ 4 m 23 cm　㉣ 4 m

(　　　　　　　　　)

06 241008-0604
□ 안에 알맞은 수를 써넣으세요.

(1) 1 m 45 cm + 7 m 20 cm
= [　] m [　] cm

(2) 5 m 90 cm − 3 m 40 cm
= [　] m [　] cm

07 241008-0605
높이가 250 cm인 미끄럼틀이 있습니다. 이 미끄럼틀의 높이는 몇 m 몇 cm인가요?

(　　　　　　　　　)

서술형
08 241008-0606
가장 긴 길이와 가장 짧은 길이의 합은 몇 m 몇 cm인지 풀이 과정을 쓰고 답을 구해 보세요.

| 537 cm | 5 m 70 cm | 503 cm |

풀이 _____

_____

_____

답 _____

09 241008-0607

빈칸에 알맞은 길이는 몇 **m** 몇 **cm**인지 써넣으세요.

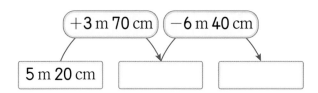

10 241008-0608

○ 안에 >, =, <를 알맞게 써넣으세요.

305 cm+4 m 52 cm ○ 7 m 18 cm

11 241008-0609

☐ 안에 **cm**와 **m** 중 알맞은 단위를 써넣으세요.

(1) 연필의 길이는 약 15 ☐ 입니다.

(2) 승용차의 길이는 약 4 ☐ 입니다.

12 241008-0610

그림을 보고 ☐ 안에 알맞은 수를 써넣으세요.

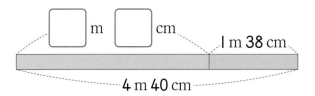

13 241008-0611

도영이의 양팔을 벌린 길이는 약 100 cm입니다. 도영이가 양팔을 벌린 길이로 9번 잰 길이는 약 몇 **m**인지 써 보세요.

약 (   )

14 241008-0612

수 카드 3장을 한 번씩만 사용하여 만든 가장 긴 길이와 1 m 8 cm의 차를 구해 보세요.

| 2 | 5 | 7 |

☐ m ☐ ☐ cm
−   1 m   8 cm
☐ m ☐ cm

서술형 **15** 241008-0613

㉠과 ㉡의 차는 몇 **cm**인지 풀이 과정을 쓰고 답을 구해 보세요.

㉠ 5 m 30 cm+2 m 45 cm
㉡ 10 m 48 cm−3 m 13 cm

풀이 _____

_____

_____

답 _____

3. 길이 재기

01 241008-0614

□ 안에 알맞은 수를 써넣으세요.

(1) 7 m = ☐ cm

(2) 350 cm = ☐ m ☐ cm

02 241008-0615

길이를 읽어 보세요.

8 m 19 cm

( )

03 241008-0616

108 cm는 몇 m 몇 cm인지 써 보세요.

( )

04 241008-0617

관계있는 것끼리 이어 보세요.

304 cm · · 3 m 40 cm

430 cm · · 3 m 4 cm

340 cm · · 4 m 30 cm

05 241008-0618

○ 안에 >, =, <를 알맞게 써넣으세요.

2 m 7 cm ◯ 270 cm

06 241008-0619

알맞은 길이를 골라 문장을 완성해 보세요.

15 cm   10 m

(1) 가위의 길이는 약 ☐ 입니다.

(2) 버스의 길이는 약 ☐ 입니다.

07 241008-0620

세 사람이 가지고 있는 색 테이프의 길이입니다. 가장 긴 색 테이프를 가지고 있는 사람의 이름을 써 보세요.

지영: 605 cm
수호: 630 cm
태민: 6 m 40 cm

( )

08 241008-0621

□ 안에 알맞은 수를 써넣으세요.

(1)
```
    4  m   65  cm
 +  2  m   30  cm
   ☐  m   ☐  cm
```

(2)
```
    7  m   59  cm
 -  3  m   50  cm
   ☐  m   ☐  cm
```

09 241008-0622
바퀴의 길이가 1 m일 때 트럭 긴 쪽의 길이는 약 몇 m일까요?

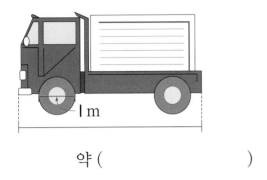

약 (   )

10 241008-0623
빈칸에 알맞은 길이는 몇 m 몇 cm인지 써넣으세요.

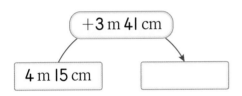

서술형
11 241008-0624
지우는 길이가 8 m 60 cm인 끈을 가지고 있었습니다. 선물을 포장하는 데 끈을 410 cm 사용했다면 남은 끈의 길이는 몇 m 몇 cm인지 풀이 과정을 쓰고 답을 구해 보세요.

풀이 _____

_____

_____

답 _____

12 241008-0625
◯ 안에 >, =, <를 알맞게 써넣으세요.

550 cm − 3 m 48 cm ◯ 2 m 9 cm

13 241008-0626
농구대의 높이는 2 m보다 85 cm만큼 더 높습니다. 농구대의 높이는 몇 cm인지 써 보세요.

(   )

14 241008-0627
건후의 한 걸음은 약 50 cm입니다. 건후가 걸음으로 축구 골대의 길이를 재었더니 12걸음이었습니다. 축구 골대의 길이는 약 몇 m일까요? (   )

① 약 2 m   ② 약 3 m
③ 약 4 m   ④ 약 5 m
⑤ 약 6 m

서술형
15 241008-0628
두 색 테이프를 겹치게 이어 붙였습니다. 이어 붙인 색 테이프의 전체 길이는 몇 m 몇 cm인지 풀이 과정을 쓰고 답을 구해 보세요.

1 m 5 cm

3 m 38 cm   5 m 52 cm

풀이 _____

_____

답 _____

❶ 몇 시 몇 분을 읽어 볼까요

- 시계의 긴바늘이 가리키는 숫자가 1이면 5분, 2이면 10분, 3이면 15분, …을 나타냅니다.

- 시계에서 긴바늘이 가리키는 작은 눈금 한 칸은 1분을 나타냅니다.

- 오른쪽 시계가 나타내는 시각은 10시 37분입니다.

❷ 여러 가지 방법으로 시각을 읽어 볼까요

- 3시 55분은 4시 5분 전이라고도 합니다.
- 5시 50분은 6시 10분 전이라고도 합니다.

❸ 1시간을 알아볼까요

시계의 긴바늘이 한 바퀴 도는 데 걸린 시간은 60분입니다. 60분은 1시간입니다.

❹ 걸린 시간을 알아볼까요

1시부터 2시 10분까지 걸린 시간

➡ 1시간 10분=70분

❺ 하루의 시간을 알아볼까요

- 전날 밤 12시부터 낮 12시까지를 오전, 낮 12시부터 밤 12시까지를 오후라고 합니다.
- 하루는 24시간입니다.

❻ 달력을 알아볼까요

- 1주일=7일
- 1년=12개월

---

01 `241008-0629`

시계가 나타내는 시각을 바르게 읽은 것을 찾아 ○표 하세요.

| 5시 9분 | 5시 45분 | 6시 45분 |

(   ) (   ) (   )

[02~03] 시계를 보고 몇 시 몇 분인지 써 보세요.

02 `241008-0630`

[   ] 시 [   ] 분

03 `241008-0631`

[   ] 시 [   ] 분

04 `241008-0632`

7시 10분 전을 나타내는 시계의 긴바늘이 가리키는 숫자를 써 보세요.

(   )

🎉 시계에서 긴바늘이 가리키는 작은 눈금 한 칸은 1분을 나타냅니다.

🎉 7시 10분 전이 몇 시 몇 분인지 알아봅니다.

05 241008-0633

□ 안에 알맞은 수를 써넣으세요.

| | 시 □ 분 전을 나타내는 시계의 긴바늘이 가리키는 숫자는
| | 입니다.

06 241008-0634

시계가 나타내는 시각을 보고 □ 안에 알맞은 수를 써넣으세요.

8:45   □ 시 □ 분 전

> 8시 45분에서 15분이 지나면 9시가 됩니다.

07 241008-0635

시계에서 긴바늘이 3바퀴 돌면 몇 시 몇 분이 되는지 구해 보세요.

(   )

> 시계의 긴바늘이 한 바퀴 도는 데 1시간이 걸립니다.

08 241008-0636

□ 안에 알맞은 수를 써넣으세요.

(1) 80분＝1시간 □ 분   (2) 1일＝□ 시간

> 60분은 1시간입니다.

[09~10] 어느 해의 4월 달력을 보고 물음에 답하세요.

	4월					
일	월	화	수	목	금	토
					1	2
3	4	5	6	7	8	9
10	11	12	13	14	15	16
17	18	19	20	21	22	23
24	25	26	27	28	29	30

09 241008-0637

4월에 일요일이 몇 번 있나요?   (   )

10 241008-0638

4월 4일부터 3주일 후는 몇 월 며칠인가요?

(   )

학교 시험 만점왕 1회

4. 시각과 시간

241008-0639

01 5시 10분인 시계의 기호를 써 보세요.

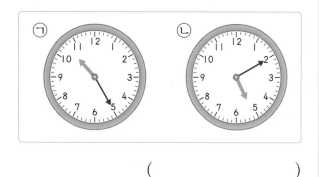

(   )

241008-0640

02 시계에서 ☐ 안에 알맞은 수를 써넣으세요.

(1) 긴바늘이 5를 가리키면 ☐ 분입니다.

(2) 긴바늘이 8을 가리키면 ☐ 분입니다.

(3) 긴바늘이 11을 가리키면 ☐ 분입니다.

241008-0641

03 시계를 보고 몇 시 몇 분인지 써 보세요.

(   )

241008-0642

04 다음 시계에서 긴바늘이 작은 눈금 3칸만큼 더 움직이면 몇 시 몇 분이 되는지 구해 보세요.

(   )

241008-0643

05 시각에 맞게 시계에 긴바늘을 그려 넣으세요.

5시 5분 전

241008-0644

06 다음 시각을 나타낸 시계에 ○표 하세요.

11시 10분 전

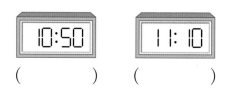

(   )   (   )

[07~08] ☐ 안에 알맞은 수를 써넣으세요.

241008-0645

07 1시간 10분 = ☐ 분

241008-0646

08 135분 = 2시간 ☐ 분

241008-0647

09 연수는 10시 20분부터 11시 50분까지 축구를 했습니다. 연수가 축구를 한 시간을 시간 띠에 색칠하고 몇 시간 몇 분 동안 축구를 했는지 구해 보세요.

10시 10분 20분 30분 40분 50분 11시 10분 20분 30분 40분 50분 12시

(   )

서술형 241008-0648

10 준기는 오전 11시 10분부터 오후 1시까지 그릇 만들기를 했습니다. 준기가 그릇을 만드는 데 걸린 시간은 몇 시간 몇 분인지 풀이 과정을 쓰고 답을 구해 보세요.

풀이 _____

_____

_____

답 _____

241008-0649

11 지민이는 아침에 일어나서 다음 시계가 나타내는 시각에 학교에 갔습니다. 지민이가 학교에 간 시각을 구해 보세요.

(오전 , 오후) ☐ 시 ☐ 분

241008-0650

12 맞는 것에 ○표, 잘못된 것에 ×표 하세요.

(1) 1일은 12시간입니다. ( )

(2) 1년은 12개월입니다. ( )

(3) 1달은 항상 30일입니다. ( )

(4) 1주일은 7일입니다. ( )

[13~15] 어느 해의 12월 달력을 보고 물음에 답하세요.

12월						
일	월	화	수	목	금	토
				1	2	3
4	5	6	7	8	9	10
11	12	13	14	15	16	17
18	19	20	21	22	23	24
25	26	27	28	29	30	31

241008-0651

13 일요일인 날짜를 모두 찾아 써 보세요.

( )

241008-0652

14 은수와 지민이는 12월 3일에 만나고, 2주일 후에 다시 만나기로 했습니다. ☐ 안에 알맞은 수나 말을 써넣으세요.

은수와 지민이는 ☐ 월 ☐ 일

☐ 요일에 다시 만납니다.

서술형 241008-0653

15 매주 화요일, 목요일에 문을 여는 문구점이 있습니다. 이 문구점이 12월에 문을 연 날은 모두 며칠인지 풀이 과정을 쓰고 답을 구해 보세요.

풀이 _____

_____

_____

답 _____

4. 시각과 시간

[01~02] 시계를 보고 몇 시 몇 분인지 써 보세요.

01 241008-0654

( )

02 241008-0655

( )

03 241008-0656 시각에 맞게 시계에 긴바늘을 그려 넣으세요.

04 241008-0657 잘못 말한 사람을 찾아 이름을 써 보세요.

> 태호: 6시 25분일 때 짧은바늘은 6과 7
> 사이를 가리켜.
> 재희: 11시 57분일 때 긴바늘은 11과 12
> 사이를 가리켜.
> 혜수: 7시 41분일 때 짧은바늘과 긴바늘
> 모두 7과 8 사이를 가리켜.

( )

05 241008-0658 8시 20분에서 긴바늘이 작은 눈금 4칸만큼 더 간 곳을 가리키면 몇 시 몇 분이 되는지 구해 보세요.

( )

06 241008-0659 시각을 두 가지 방법으로 나타내 보세요.

[　] 시 [　] 분

[　] 시 [　] 분 전

07 241008-0660 4시 50분에 대해 맞는 설명은 어느 것일까요?

( )

① 10분이 더 지나면 4시가 됩니다.
② 5시 5분 전입니다.
③ 긴바늘이 4를 가리킵니다.
④ 5시가 되려면 10분이 남았습니다.
⑤ 긴바늘이 한 바퀴 돌면 3시 50분이 됩니다.

08 241008-0661 □ 안에 알맞은 수를 써넣으세요.

(1) 시계의 긴바늘이 한 바퀴 도는 데

[　] 분이 걸립니다.

(2) 시계의 짧은바늘이 한 바퀴 도는 데

[　] 시간이 걸립니다.

09 241008-0662

지혜네 반은 다음 시계가 나타내는 시각에 2교시 수업을 시작하여 40분 동안 수업을 했습니다. 2교시 수업이 끝난 시각은 몇 시 몇 분인지 구해 보세요.

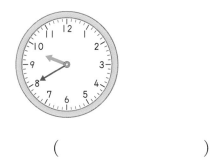

(   )

서술형
10 241008-0663

호영이와 우진이가 수영장에 들어간 시각과 나온 시각입니다. 수영장에 더 오래 있었던 사람은 누구인지 풀이 과정을 쓰고 답을 구해 보세요.

	들어간 시각	나온 시각
호영	오전 11시 50분	오후 12시 30분
우진	오후 1시 30분	오후 2시 20분

풀이 _____

_____

_____

답 _____

11 241008-0664

오전 10시에서 몇 시간이 지나면 오후 2시가 될까요? (   )

① 2시간   ② 3시간

③ 4시간   ④ 5시간

⑤ 10시간

12 241008-0665

12월 20일과 요일이 같은 날을 찾아 기호를 써 보세요.

㉠ 12월 3일	㉡ 12월 18일
㉢ 12월 27일	㉣ 12월 30일

(   )

[13~15] 어느 해의 9월 달력을 보고 물음에 답하세요.

9월

일	월	화	수	목	금	토
		1	2	3	4	5
6	7	8	9	10	11	12
13	14	15	16	17	18	19
20	21	22	23	24	25	26
27	28	29	30			

13 241008-0666

9월은 모두 며칠인가요?

(   )

14 241008-0667

9월의 셋째 토요일은 며칠인가요?

(   )

서술형
15 241008-0668

종현이는 9월 26일부터 10일 전에 할머니 댁에 다녀왔습니다. 종현이가 할머니 댁에 다녀온 날은 무슨 요일인지 풀이 과정을 쓰고 답을 구해 보세요.

풀이 _____

_____

_____

답 _____

❶ 자료를 표로 나타내 볼까요

① 자료를 기준에 따라 분류합니다.

② 항목별 수를 표로 나타냅니다.

❷ 자료를 분류하여 그래프로 나타내 볼까요

① 그래프의 가로와 세로에 쓸 것을 정합니다.

② 가로와 세로를 각각 몇 칸으로 할지 정합니다.

③ ○, ×, / 중 하나로 자료를 나타냅니다.

④ 그래프의 제목을 씁니다.

❸ 표와 그래프를 보고 무엇을 알 수 있을까요

• 표를 보고 알 수 있는 내용

조사한 자료별 수, 조사한 자료의 전체 수를 알아보기 편리합니다.

• 그래프를 보고 알 수 있는 내용

가장 많은 것, 가장 적은 것, 더 많은 것, 더 적은 것을 한눈에 알아보기 편리합니다.

[01~04] 수지네 반 학생들이 키우는 반려동물을 조사하였습니다. 물음에 답하세요.

〈수지네 반 학생들이 키우는 반려동물〉

수지	유승	유안	안나	시우	이진	수아	동후
민채	시온	시현	아진	우철	유준	유진	은솔
지호	서현	재성	선우	민석	은서	세인	나현

🐕 강아지, 🐈 고양이, 🐹 햄스터, 🐟 금붕어

241008-0669

01 수지가 키우는 반려동물은 무엇인가요?   (   )

241008-0670

02 수지네 반에서 반려동물을 키우는 학생은 모두 몇 명인가요?

(   )

241008-0671

03 금붕어를 키우는 학생의 이름을 모두 써 보세요.

(   )

241008-0672

04 조사한 자료를 보고 표로 나타내 보세요.

🎉 같은 반려동물을 키우는 학생 수를 세어 표에 씁니다.

〈수지네 반 학생들이 키우는 반려동물별 학생 수〉

반려동물	강아지	고양이	햄스터	금붕어	합계
학생 수(명)					

[05~10] 연우네 모둠 친구들이 가지고 있는 연필 수를 조사하여 표로 나타냈습니다. 물음에 답하세요.

〈연우네 모둠 친구들이 가지고 있는 연필 수〉

이름	연우	윤담	재원	희범	서우	합계
연필 수(자루)	3	4	2	5	4	18

241008-0673

05 표를 보고 ○를 이용하여 그래프로 나타내 보세요.

〈연우네 모둠 친구들이 가지고 있는 연필 수〉

5					
4					
3					
2					
1					
연필 수(자루) \ 이름	연우	윤담	재원	희범	서우

○를 한 칸에 하나씩, 아래에서 위로 빈칸 없이 채워서 나타냅니다.

241008-0674

06 연필을 가장 많이 가지고 있는 친구의 이름을 써 보세요.

(   )

○의 수를 비교하여 연필을 가장 많이 가지고 있는 친구와 가장 적게 가지고 있는 친구를 찾습니다.

241008-0675

07 연필을 가장 적게 가지고 있는 친구의 이름을 써 보세요.

(   )

241008-0676

08 연필의 수가 4자루보다 적은 친구의 이름을 모두 써 보세요.

(   )

○의 수가 4개보다 적은 친구를 모두 찾습니다.

241008-0677

09 가지고 있는 연필의 수가 윤담이와 같은 친구의 이름을 써 보세요.

(   )

241008-0678

10 표와 그래프 중에서 □ 안에 알맞은 말을 써넣으세요.

표와 그래프에서 알아보기 편리한 것을 서로 비교해 봅니다.

□는 친구별로 연필을 몇 자루 가지고 있는지 알아보기 편리하고, □는 연필을 가장 많이 가지고 있는 친구와 가장 적게 가지고 있는 친구를 한눈에 알아보기 편리합니다.

5. 표와 그래프

[01~04] 민솔이네 모둠 학생들이 좋아하는 우유를 조사하였습니다. 물음에 답하세요.

〈민솔이네 모둠 학생들이 좋아하는 우유〉

민솔	시율	우영	주원
준범	한울	희민	수완

딸기, 바나나, 초코

241008-0679

01 민솔이가 좋아하는 우유는 무슨 우유인가요?

( )

241008-0680

02 초코 우유를 좋아하는 학생들의 이름을 모두 써 보세요.

( )

241008-0681

03 바나나 우유를 좋아하는 학생은 몇 명인가요?

( )

241008-0682

04 자료를 보고 표로 나타내 보세요.

〈민솔이네 모둠 학생들이 좋아하는 우유별 학생 수〉

우유	딸기	바나나	초코	합계
학생 수(명)				

[05~09] 시연이네 반 학생들이 좋아하는 간식을 조사하였습니다. 물음에 답하세요.

〈시연이네 반 학생들이 좋아하는 간식〉

이름	간식	이름	간식	이름	간식
시연	떡볶이	윤재	김밥	우진	닭강정
이안	피자	연주	스파게티	응규	닭강정
선웅	떡볶이	시훈	닭강정	민준	김밥
민서	닭강정	정원	피자	하율	떡볶이
범서	김밥	가은	닭강정	규리	스파게티
지후	떡볶이	선호	김밥	재원	닭강정
민호	닭강정	예나	떡볶이	성민	피자

241008-0683

05 지후가 좋아하는 간식은 무엇인가요?

( )

241008-0684

06 자료를 보고 표로 나타내 보세요.

〈시연이네 반 학생들이 좋아하는 간식별 학생 수〉

간식	떡볶이	김밥	닭강정	피자	스파게티	합계
학생 수(명)						

241008-0685

07 시연이네 반 학생은 모두 몇 명인가요?

( )

241008-0686

08 표를 보고 그래프로 나타낼 때 세로에 학생 수를 나타내려면 세로는 몇 칸으로 하면 좋을까요?

( )

241008-0687

09 자료와 표 중에서 재원이가 좋아하는 간식을 알아볼 수 있는 것을 써 보세요.

( )

[10~12] 소민이네 반 학생들이 태어난 계절을 조사하여 표로 나타냈습니다. 물음에 답하세요.

〈소민이네 반 학생들이 태어난 계절별 학생 수〉

계절	봄	여름	가을	겨울	합계
학생 수(명)	8	6	7	4	25

241008-0688

10 표를 보고 ○를 이용하여 그래프로 나타내 보세요.

〈소민이네 반 학생들이 태어난 계절별 학생 수〉

8				
7				
6				
5				
4				
3				
2				
1				
학생 수(명)＼계절	봄	여름	가을	겨울

241008-0689

11 가장 많은 학생들이 태어난 계절을 써 보세요.

(   )

서술형 241008-0690

12 봄에 태어난 학생은 겨울에 태어난 학생보다 몇 명 더 많은지 풀이 과정을 쓰고 답을 구해 보세요.

풀이 ＿＿＿＿＿＿＿＿＿＿＿＿＿＿＿＿

＿＿＿＿＿＿＿＿＿＿＿＿＿＿＿＿＿＿

＿＿＿＿＿＿＿＿＿＿＿＿＿＿＿＿＿＿

답 ＿＿＿＿＿＿＿＿＿

[13~15] 무경이네 반 학생들이 존경하는 위인을 조사하여 그래프로 나타냈습니다. 물음에 답하세요.

〈무경이네 반 학생들이 존경하는 위인별 학생 수〉

안중근	○	○	○	○	○	○	○		
신사임당	○	○	○						
유관순	○	○	○	○					
세종대왕	○	○	○						
이순신	○	○	○	○	○	○	○	○	○
위인＼학생 수(명)	1	2	3	4	5	6	7	8	9

241008-0691

13 그래프를 보고 표로 나타내 보세요.

〈무경이네 반 학생들이 존경하는 위인별 학생 수〉

위인	이순신	세종대왕	유관순	신사임당	안중근	합계
학생 수(명)						

241008-0692

14 그래프에 대한 설명으로 <u>틀린</u> 것을 찾아 기호를 써 보세요.

> ㉠ 유관순을 존경하는 학생은 4명입니다.
> ㉡ 가장 많은 학생들이 존경하는 위인은 이순신입니다.
> ㉢ 세종대왕을 존경하는 학생 수가 안중근을 존경하는 학생 수보다 많습니다.

(   )

서술형 241008-0693

15 그래프를 보고 존경하는 학생 수가 신사임당보다 3명 더 많은 위인은 누구인지 풀이 과정을 쓰고 답을 구해 보세요.

풀이 ＿＿＿＿＿＿＿＿＿＿＿＿＿＿＿＿

＿＿＿＿＿＿＿＿＿＿＿＿＿＿＿＿＿＿

＿＿＿＿＿＿＿＿＿＿＿＿＿＿＿＿＿＿

답 ＿＿＿＿＿＿＿＿＿

[01~04] 어느 해의 12월 날씨를 조사하였습니다. 물음에 답하세요.

일	월	화	수	목	금	토
		1 ☀	2 ☁	3 ☁	4 ☁	5 ☂
6 ❄	7 ☀	8 ☀	9 ☀	10 ☁	11 ☂	12 ☂
13 ☂	14 ❄	15 ☁	16 ☀	17 ☁	18 ☁	19 ☂
20 ☂	21 ❄	22 ☁	23 ☁	24 ☀	25 ☀	26 ☁
27 ☁	28 ☀	29 ☂	30 ❄	31 ☀		

☀ 맑음, ☁ 흐림, ☂ 비, ❄ 눈

241008-0694

01 12일의 날씨는 어떤가요?

(   )

241008-0695

02 조사한 자료를 보고 표로 나타내 보세요.

〈12월의 날씨별 날수〉

날씨	맑음	흐림	비	눈	합계
날수(일)					

241008-0696

03 12월에 흐린 날은 며칠인가요?

(   )

241008-0697

04 맑은 날이 비가 온 날보다 며칠 더 많을까요?

(   )

[05~08] 제민이가 한 달 동안 읽은 책 수를 조사하여 표로 나타냈습니다. 물음에 답하세요.

〈제민이가 한 달 동안 읽은 종류별 책 수〉

종류	동화책	위인전	수학책	과학책	동시집	합계
책 수(권)		7	5	6	4	30

서술형 241008-0698

05 제민이가 한 달 동안 읽은 동화책은 몇 권인지 풀이 과정을 쓰고 답을 구해 보세요.

풀이 _____

_____

답 _____

241008-0699

06 표를 보고 ○를 이용하여 그래프로 나타내 보세요.

〈제민이가 한 달 동안 읽은 종류별 책 수〉

동시집								
과학책								
수학책								
위인전								
동화책								
종류 \ 책 수(권)	1	2	3	4	5	6	7	8

241008-0700

07 제민이가 가장 많이 읽은 책의 종류를 써 보세요.

(   )

241008-0701

08 제민이가 가장 적게 읽은 책의 종류를 써 보세요.

(   )

[09~11] 은서네 반 학생들이 텃밭에서 키우고 싶은 채소를 조사하여 그래프로 나타냈습니다. 물음에 답하세요.

〈은서네 반 학생들이 키우고 싶은 채소별 학생 수〉

토마토	○	○	○	○	○		○
상추	○	○	○	○			
가지	○	○	○	○			
고추	○	○	○	○	○		
채소\학생 수(명)	1	2	3	4	5	6	

241008-0702

09 토마토를 키우고 싶은 학생은 몇 명인가요?

( )

^{서술형} 241008-0703

10 키우고 싶은 학생 수가 같은 채소는 무엇인지 풀이 과정을 쓰고 답을 구해 보세요.

풀이 _____

_____

_____

답 _____ , _____

241008-0704

11 그래프를 보고 담임선생님께 말씀드릴 내용입니다. ☐ 안에 알맞은 말을 써넣으세요.

> 텃밭에 심을 채소로 학생들이 가장 많이 키우고 싶은 ☐ 를 꼭 준비해 주세요. 또 두 번째로 많이 원하는 ☐ 도 준비해 주시면 좋겠습니다.

[12~13] 민정이네 반 학생들이 좋아하는 주스를 조사하여 표로 나타냈습니다. 물음에 답하세요.

〈민정이네 반 학생들이 좋아하는 주스별 학생 수〉

주스	수박	복숭아	포도	오렌지	합계
학생 수(명)	7	8	5	4	24

241008-0705

12 표를 보고 ×를 이용하여 그래프로 나타내 보세요.

〈민정이네 반 학생들이 좋아하는 주스별 학생 수〉

오렌지								
포도								
복숭아								
수박								
주스\학생 수(명)	1	2	3	4	5	6	7	8

241008-0706

13 6명보다 많은 학생들이 좋아하는 주스를 모두 써 보세요.

( )

[14~15] 보아네 모둠 친구들은 투호놀이를 하여 넣으면 ○표, 넣지 못하면 ×표 하였습니다. 물음에 답하세요.

	보아	미경	영서	호린
1회	○	○	×	×
2회	○	○	×	×
3회	○	×	○	○
4회	○	×	○	○
5회	×	○	×	○

241008-0707

14 보아네 모둠 친구별로 투호놀이에서 넣은 횟수를 /를 이용하여 그래프로 나타내 보세요.

〈보아네 모둠 친구별 투호놀이에서 넣은 횟수〉

5				
4				
3				
2				
1				
횟수(번)\이름	보아	미경	영서	호린

241008-0708

15 보아는 영서보다 몇 번 더 많이 넣었을까요?

( )

❶ 무늬에서 규칙을 찾아볼까요

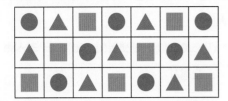

• ●, ▲, ■가 반복됩니다.

• ╱ 방향으로 같은 모양이 반복됩니다.

❷ 쌓은 모양에서 규칙을 찾아볼까요

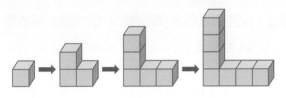

• 왼쪽에 있는 쌓기나무 위와 오른쪽에 쌓기 나무가 각각 1개씩 늘어납니다.

• 다음에 올 모양을 쌓는 데 필요한 쌓기나무 는 9개입니다.

❸ 덧셈표와 곱셈표에서 규칙을 찾아볼까요

+	0	1	2	3	4
0	0	1	2	3	4
1	1	2	3	4	5
2	2	3	4	5	6
3	3	4	5	6	7
4	4	5	6	7	8

×	1	2	3	4	5
1	1	2	3	4	5
2	2	4	6	8	10
3	3	6	9	12	15
4	4	8	12	16	20
5	5	10	15	20	25

오른쪽으로 갈수록 1씩 커지고, 아래로 내려갈수록 1씩 커집니다.

▨으로 색칠한 수는 2단 곱셈구 구이고, ▨으로 색칠한 수는 같은 두 수의 곱입니다.

❹ 생활에서 규칙을 찾아볼까요

• 달력에서 규칙 찾기

– 오른쪽으로 갈수록 1씩 커집니다.

– 7일마다 같은 요일이 반복됩니다.

[01~02] 빈칸에 알맞은 모양을 그리고 색칠해 보세요.

01   241008-0709

02   241008-0710

반복되는 모양을 알아봅니다.

03   241008-0711

규칙에 따라 빈칸에 알맞게 색칠해 보세요.

[04~06] 덧셈표를 보고 □ 안에 알맞은 수를 써넣고, 물음에 답하세요.

+	1	2	3	4	5
5	6	7	8	9	10
6	7	8	9	10	11
7	8	㉠	10	11	12
8	9	10	11	㉡	13
9	10	11	12	13	14

04 ㉠과 ㉡에 알맞은 수를 구해 보세요.

㉠ [ ], ㉡ [ ]

05 가로줄에 있는 수는 오른쪽으로 갈수록 [ ]씩 커집니다.

세로 칸에 있는 수와 가로 칸에 있는 수의 합을 두 수가 만나는 칸에 씁니다.

06 ▢으로 색칠한 수는 아래로 내려갈수록 어떤 규칙이 있는지 써 보세요.

규칙 _____

[07~09] 곱셈표를 보고 □ 안에 알맞은 수를 써넣으세요.

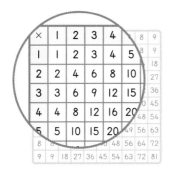

10	12	14	16
15	18	㉠	24
㉡	24	28	32
㉢	30	35	40
30	㉣	42	48

07 ㉠~㉣에 알맞은 수를 구해 보세요.

㉠ [ ], ㉡ [ ], ㉢ [ ], ㉣ [ ]

세로 칸에 있는 수와 가로 칸에 있는 수의 곱을 두 수가 만나는 칸에 씁니다.

08 ▢으로 색칠한 수는 오른쪽으로 갈수록 [ ]씩 커집니다.

09 ▢으로 색칠한 수는 아래로 내려갈수록 [ ]씩 커집니다.

10 시계의 규칙을 찾아 마지막 시계에 짧은바늘과 긴바늘을 그려 보세요.

6. 규칙 찾기

[01~02] 그림을 보고 물음에 답하세요.

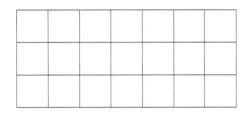

241008-0719

01 규칙을 찾아 빈칸에 알맞은 모양을 그려 보세요.

241008-0720

02 ♥는 1, △는 2로 바꾸어 나타내 보세요.

[03~04] 규칙에 따라 쌓기나무를 쌓았습니다. ☐ 안에 알맞게 써넣으세요.

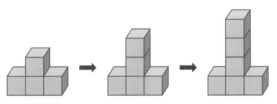

241008-0721

03 가운데 쌓기나무 위에 쌓기나무가 ☐ 개씩 늘어나는 규칙입니다.

241008-0722

04 다음에 올 쌓기나무는 ☐ 입니다.

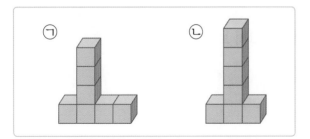

[05~06] 덧셈표를 보고 물음에 답하세요.

+	1	3	5	7	9
1	2	4	6	8	10
3		6	8	10	12
5			10	12	14
7				14	16
9					18

241008-0723

05 덧셈표의 빈칸에 알맞은 수를 써넣으세요.

241008-0724

06 ▨으로 색칠한 수는 ↘ 방향으로 갈수록 몇씩 커지는지 써 보세요.

( )

[07~08] 덧셈표에서 규칙을 찾아 빈칸에 알맞은 수를 써넣으세요.

+	0	1	2	3			
0	0	1	2	3	4		9
1	1	2	3	4	5		10
2	2	3	4	5	6		
3	3	4	5	6			13 14
	4	5	6				14 15 16
8	9		12	13	14	15 16 17
9	10	11	12	13	14	15 16 17 18

241008-0725

07

7	8	
	9	10

241008-0726

08

11		
	12	13

09 241008-0727

규칙에 따라 쌓기나무를 쌓았습니다. 다음에 이어질 모양에 쌓을 쌓기나무는 몇 개인지 구해 보세요.

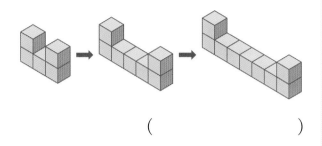

( )

[10~12] 곱셈표를 보고 물음에 답하세요.

×	1	2	3	4				
1	1	2	3	4	5			9
2	2	4	6	8	10		18	
3	3	6	9	12	15			36
4	4	8	12	16	20		48 54	
5	5	10	15	20			56 63	

	㉠	
	18	㉡
㉢ 24	28	32
30		

10 241008-0728

으로 색칠한 수는 아래로 내려갈수록 몇씩 커지는지 써 보세요.

( )

서술형
11 241008-0729

㉢에 알맞은 수는 얼마인지 풀이 과정을 쓰고 답을 구해 보세요.

풀이 _____

_____

답 _____

12 241008-0730

㉠과 ㉡에 알맞은 수를 구해 보세요.

㉠ ( )

㉡ ( )

13 241008-0731

규칙에 따라 쌓기나무를 쌓았습니다. 쌓기나무를 5층으로 쌓는 데 필요한 쌓기나무는 몇 개인지 구해 보세요.

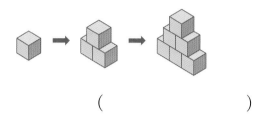

( )

14 241008-0732

어느 해의 11월 달력의 일부분입니다. 11월의 화요일이 아닌 날짜는 어느 것일까요?

( )

일	월	화	수	목	금	토
		1	2	3	4	5	6
7	8					

① 2일   ② 9일   ③ 16일
④ 23일   ⑤ 28일

서술형
15 241008-0733

어느 극장의 공연 시작 시각입니다. 4회 공연 시작 시각은 몇 시 몇 분인지 풀이 과정을 쓰고 답을 구해 보세요.

	공연 시작 시각
1회	02:00
2회	03:10
3회	04:20

풀이 _____

_____

답 _____

학교 시험 만점왕 2회

6. 규칙 찾기

[01~02] 그림을 보고 물음에 답하세요.

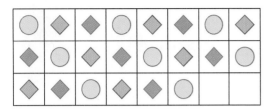

241008-0734

01 반복되는 모양에 ○표 하세요.

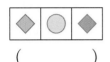 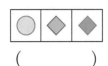

( ) ( )

241008-0735

02 규칙을 찾아 빈칸에 알맞은 모양을 그리고 색칠해 보세요.

241008-0736

03 규칙을 찾아 빈칸에 알맞은 모양을 그려 보세요.

241008-0737

04 규칙에 따라 쌓기나무를 쌓았습니다. 다음에 이어질 모양에 쌓을 쌓기나무는 몇 개인지 구해 보세요.

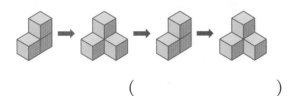

( )

[05~06] 규칙에 따라 쌓기나무를 쌓았습니다. 물음에 답하세요.

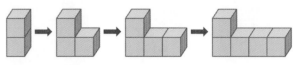

241008-0738

05 쌓기나무를 쌓은 규칙을 알아보세요.

규칙 왼쪽에 있는 쌓기나무 (오른쪽 , 왼쪽)
에 쌓기나무가 ☐ 개씩 늘어납니다.

241008-0739

06 다음에 이어질 모양에 쌓을 쌓기나무는 몇 개인지 구해 보세요.

( )

241008-0740

07 규칙을 찾아 마지막 모양에 알맞게 색칠해 보세요.

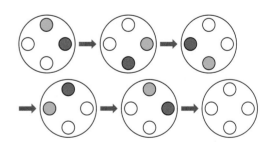

241008-0741

08 규칙을 찾아 빈칸에 알맞은 모양을 그려 보세요.

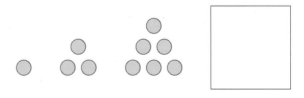

38 만점왕 수학 2-2

[09~10] 곱셈표를 보고 물음에 답하세요.

×	1	2	3	4	5
1	1	2	3	4	5
2	2	4	6		
3	3	6	9		
4	4	8	12		
5	5	10			25

241008-0742

09 곱셈표의 빈칸에 알맞은 수를 써넣으세요.

241008-0743

10 ▨으로 색칠한 수와 같은 규칙이 있는 곳을 찾아 색칠해 보세요.

[11~12] 덧셈표를 보고 물음에 답하세요.

+	1	3	5	7
1	2	4	6	8
3	4			10
5			10	12
7	8		12	

241008-0744

11 덧셈표의 빈칸에 알맞은 수를 써넣으세요.

241008-0745

12 ▨으로 색칠한 수는 아래로 내려갈수록 몇씩 커지는지 써 보세요.

(   )

241008-0746

13 컴퓨터 키보드 숫자판의 규칙이 맞으면 ○표, 틀리면 ×표 하세요.

7 Home	8 ↑	9 PgUp
4 ←	5	6 →
1 End	2 ↓	3 PaDn

(1) 오른쪽으로 갈수록 1씩 커집니다.

(   )

(2) 위로 올라갈수록 3씩 작아집니다.

(   )

(3) ╱ 방향으로 갈수록 4씩 작아집니다.

(   )

서술형

241008-0747

14 흰색 바둑돌과 검은색 바둑돌을 규칙을 정해 놓았습니다. 바로 다음에 이어질 검은색 바둑돌은 몇 개인지 풀이 과정을 쓰고 답을 구해 보세요.

○ ● ○ ● ● ● ○ ● ● ● ● ● ○ …

풀이 _____

_____

답 _____

서술형

241008-0748

15 어느 해의 5월 달력의 일부분이 찢어졌습니다. 16일은 무슨 요일인지 풀이 과정을 쓰고 답을 구해 보세요.

5월						
일	월	화	수	목	금	토
				1	2	3	4
5	6	7	8			

풀이 _____

_____

답 _____

EBS

새 교육과정 반영

중학 내신 영어듣기,
초등부터
미리 대비하자!

초등 영어 듣기 실전 대비서

영어듣기평가
완벽대비

전국 시·도교육청 영어듣기능력평가 시행 방송사 EBS가 만든
초등 영어듣기평가 완벽대비

'듣기 - 받아쓰기 - 문장 완성'을 통한 반복 듣기 → 듣기 집중력 향상 + 영어 어순 습득

다양한 유형의 **실전 모의고사 10회** 수록 → 각종 영어 듣기 시험 대비 가능

딕토글로스* 활동 등 **수행평가 대비 워크시트** 제공 → 중학 수업 미리 적응

* Dictogloss, 듣고 문장으로 재구성하기

EBS 초등ⓘ

Q | https://on.ebs.co.kr

★ ★ ★ ★ ★
초등 공부의 모든 것
EBS 초등ON

제대로 배우고 익혀서 (溫)
더 높은 목표를 향해 위로 올라가는 비법 (ON)
초등온과 함께 **즐거운 학습경험**을 쌓으세요!

아직 기초가 부족해서
차근차근
공부하고 싶어요.

조금 어려운 내용에
도전해보고 싶어요.

영어의 모든 것!
체계적인
영어공부를 원해요.

조금 어려운
내용에
**도전해보고
싶어요.**

학습 고민이 있나요?

초등온에는
친구들의 **고민에 맞는**
다양한 강좌가 준비되어 있답니다.

**학교 진도에
맞춰**
공부하고
싶어요.

초등ON 이란?

EBS가 직접 제작하고 분야별 전문 교육업체가 개발한
다양한 콘텐츠를 바탕으로,

─── 대표강좌 ───

초등 목표달성을 위한 <**초등온**> 서비스를 제공합니다.

BOOK3
풀이책

BOOK 3 풀이책으로
틀린 문제의 풀이도
확인해 보세요!

"우리 아이 독해 학습,
잘하고 있나요?"

독해 교재 한 권을 다 풀고 다음 책을 학습하려 했더니
갑자기 확 어려워지는 독해 교재도 있어요.
차근차근 수준별 학습이 가능한 독해 교재 어디 없을까요?

* 실제 학부모님들의 고민 사례

저희 아이는 여러 독해 교재를 꾸준히 학습하고 있어요.
짧은 글이라 쓱 보고 답은 쉽게 찾더라구요.
그런데, 진짜 문해력이 키워지는지는 잘 모르겠어요.

국어 독해,
이제 **특허받은 ERI로 해결**하세요!

'ERI(EBS Reading Index)'는 EBS와 이화여대 산학협력단이 개발한 과학적 독해 지수로,
글의 난이도를 낱말, 문장, 배경지식 수준에 따라 산출하였습니다.

만점왕

BOOK 3 풀이책

수학 2-2

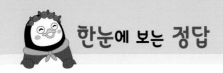
한눈에 보는 정답

BOOK **1** 개념책

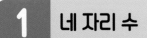
1 네 자리 수

문제를 풀며 이해해요   9쪽

1 10   **2** 100   **3** 6, 6000, 육천

4 예

1000	1000	1000	1000	1000
1000	1000	1000	1000	1000

교과서 문제 해결하기   10~11쪽

01 1000, 천   **02** 1000   **03** 2개

04 (1) 997, 1000 (2) 980, 1000   **05** 요한

06 예

, 삼천

07 5000개   **08**

09 2000번   **10** 8

실생활 활용 문제

11 김밥

문제를 풀며 이해해요   13쪽

1 2, 3, 7, 6 / 2376, 이천삼백칠십육

2 1434   **3** (○)( )

교과서 문제 해결하기   14~15쪽

01 1, 3, 8, 5, 1385   **02** 천삼백팔십오

03 7492   **04** 5016   **05** 3251   **06** ㉡

07

1000이 8개	100이 4개	10이 4개	1이 9개
1000이 7개	100이 7개	10이 9개	1이 3개

08   **09** 2053, 이천오십삼

10 2316, 4040

실생활 활용 문제

11 4, 6, 4600

문제를 풀며 이해해요   17쪽

1 9682   **2** 3, 4, 1, 300 / 5000, 40

3

교과서 문제 해결하기   18~19쪽

01 5000   **02** 3개   **03** 8900   **04** ㉡

05 600, 20   **06** 8000, 5

07   **08** (1) 300 (2) 8000

           09 2000, 200, 50, 3   **10** 10개

실생활 활용 문제

11 민수

문제를 풀며 이해해요   21쪽

1 4341, 5341   **2** 2541, 2841

3 2351, 2371, 2381

4 2343, 2344, 2346

교과서 문제 해결하기   22~23쪽

01 2305, 4305, 6305   **02** 10

03 2220,

(1000) (1000)

(100) (100) (10) (10)

04 5488, 5487, 5485

05 3230, 4230, 4240, 4250

06 2855, 3055, 3155   **07** ④

08 10, 100   **09** 5640, 5750, 5830

10 (1) 천, 백, 일에 ○표 (2) 천, 십, 일에 ○표

실생활 활용 문제

11 1302호

문제를 풀며 이해해요   25쪽

1 (1) < (2) >   **2** 7, 8, 7 / 7812, 6720

교과서 문제 해결하기   26~27쪽

01 8, 9, 7 / 8923   **02** <   **03** >

04 재하   **05** ㉡   **06** 3000원

07 3259에 ○표, 2987에 △표

08 9864, 4689   **09** ②   **10** 4개

실생활 활용 문제

11 민준

단원평가로 완성하기

01 (1) ○ (2) × 02 7, 7000, 칠천 03 2장

04

05 4, 2, 1, 9

06 8360, 팔천삼백육십

07 2090에 ○표

08 예

09 5개 10 (1) 5000, 30 (2) 800, 6

11 (1) 천, 9000 (2) 십, 70 12 ②, ④

13 4128, 6128, 8128 14 (1) 5257 (2) 2290

15 (1) 4300 (2) 4300, 4, 4700, 4700 / 4700원

16 3069 17 (1) > (2) >

18

3253	2239	2394
2340	2541	4281

19 5301, 5310 20 4개

---

2 곱셈구구

문제를 풀며 이해해요
35쪽

1 (1) 6 (2) 8 (3) 7, 14

2 (1) 10 (2) 3, 15 (3) 8, 40

교과서 문제 해결하기
36쪽~37쪽

01 10 02 (1) 12 (2) 16

03 예  , 4

04 ㉡, ㉢ 05 18 06 30

07   08 7, 5 09 40 cm

10 20

실생활 활용 문제

11 8개

문제를 풀며 이해해요
39쪽

1 (1) 9 (2) 12 (3) 6, 18

2 (1) 18 (2) 5, 30 (3) 7, 42

교과서 문제 해결하기
40쪽~41쪽

01 5, 15 02 8, 24

03 예 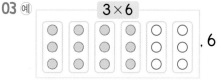 , 6

04 6×6=36

05 6, 12, 15, 27 / 12, 24, 30, 54

06 [선 잇기] 07 27쪽

08 윤주

09 6, 48 10 54개

실생활 활용 문제

11 (1) 3, 18 (2) 6, 18

문제를 풀며 이해해요
43쪽

1 (1) 8 (2) 5, 20 (3) 8, 32

2 (1) 24 (2) 4, 32 (3) 7, 56

교과서 문제 해결하기
44쪽~45쪽

01 3, 12 02 [선 잇기] 03 5, 4 04 32개

05 9, 3, 6 06 6, 48 07 8×3=24 08 56개

09 2×8=16, 4×4=16, 8×2=16 10 40

실생활 활용 문제

11 (1) 3, 24 (2) 6, 24

문제를 풀며 이해해요
47쪽

1 (1) 14 (2) 4, 28 (3) 6, 42

2 (1) 27 (2) 5, 45 (3) 7, 63

교과서 문제 해결하기
48쪽~49쪽

01 5, 35 02 42 03 [선 잇기]

04 21 cm 05 9×4=36

06 45통 07 6, 5, 4 08 2

09 현우 10 30개

실생활 활용 문제

11 21점

한눈에 보는 정답 **3**

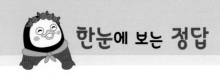

한눈에 보는 정답

문제를 풀며 이해해요   51쪽

1 (1) 2 (2) 5, 5 (3) 7, 7

2 (1) 0 (2) 4, 0 (3) 8, 0

교과서 문제 해결하기   52~53쪽

01 6개   **02** <   **03** 1×7=7

04

05

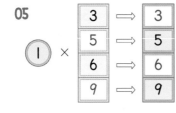

06 0, 0   **07** 0   **08** 8

09 9자루   **10** 30점

실생활 활용 문제

11 1, 6, 0, 0, 6

문제를 풀며 이해해요   55쪽

1

(1)
×	6	7
2	12	14
3	18	21

(2)
×	8	9
4	32	36
5	40	45

(3)
×	3	4	5
3	9	12	15
4	12	16	20
5	15	20	25

(4)
×	6	7	8
6	36	42	48
7	42	49	56
8	48	56	64

(5)
×	1	2	3	4	5	6	7	8	9
7	7	14	21	28	35	42	49	56	63
8	8	16	24	32	40	48	56	64	72
9	9	18	27	36	45	54	63	72	81

2 (1) 3, 15 / 5, 15 (2) 9, 36 / 4, 36

교과서 문제 해결하기   56~57쪽

01
×	1	2	3	4	5	6	7	8	9
3	3	6	9	12	15	18	21	24	27
4	4	8	12	16	20	24	28	32	36
5	5	10	15	20	25	30	35	40	45
6	6	12	18	24	30	36	42	48	54

02 4   **03** 5단

04
×	1	2	3	4	5	6	7	8	9
8	8	16	24	32	40	48	56	64	72
9	9	18	27	36	45	54	63	72	81

05 7×6=42, 6×7=42   **06** 67   **07** 7×8

08
×	3	4	5	6	7	8	9
4	12	16	20	24	28	32	36
5	15	20	25	30	35	40	45
6	18	24	30	36	42	48	54
7	21	28	35	42	49	56	63
8	24	32	40	48	56	64	72
9	27	36	45	54	63	72	81

09 4×9=36, 6×6=36, 9×4=36

10
×	4	5	6	7
2	8	10	12	14
4	16	20	24	28
6	24	30	36	42
8	32	40	48	56

실생활 활용 문제

11 72

문제를 풀며 이해해요   59쪽

1 (1) 3, 12 (2) 2, 12 (3) 4, 36

2 (1) 3, 2, 18 (2) 5, 21

교과서 문제 해결하기   60~61쪽

01 (위에서부터) 9, 3, 12   **02** (1) 9 (2) 6

03 (1) 1 (2) 0   **04** 27 cm   **05** 24개

06 63개   **07** 27   **08** 21개

09 3, 2, 24   **10** 민정, 영서, 소빈

실생활 활용 문제

11 45살

단원평가로 완성하기   62~65쪽

01 8, 40   **02** 7, 21

03 4, 6, 4   04
05 8×7=56, 7×8=56
06 36자루   07 6, 48   08 45   09 28
10 72   11 1   12 0   13 4단
14 9×6   15 4×6, 6×4, 8×3
16 윤서   17 27개   18 26명   19 28점
20 (1) 8, 40 (2) 9, 27 (3) 40, 27, 13 / 13개

3 길이 재기

문제를 풀며 이해해요   69쪽
1 100, 1   2 210, 2, 10   3 135, 1, 35

교과서 문제 해결하기   70~71쪽
01 1   02 (1) 400 (2) 9, 53
03 2미터 60센티미터   04
05 205, 2, 5
06 1 m 90 cm   07 215 cm   08 ㉡, ㉢, ㉠, ㉣
09 (1) cm (2) m (3) m (4) cm   10 1040 cm

실생활 활용 문제
11 7 m 85 cm, 8 m 14 cm

문제를 풀며 이해해요   73쪽
1 3, 70   2 2, 30   3 (1) 5, 65 (2) 6, 40

교과서 문제 해결하기   74~75쪽
01 (1) 5, 85 (2) 6, 10
02 (1) 6 m 29 cm (2) 2 m 62 cm
03   04 >   05 5, 80
             06 4, 68   07 ㉢, ㉡, ㉠
08 1 m 5 cm   09 6 m 90 cm   10 승우, 14 cm

실생활 활용 문제
11 우체국, 38 m 12 cm

문제를 풀며 이해해요   77쪽
1 3   2 4   3 2   4 3

교과서 문제 해결하기   78~79쪽
01 2 m   02 ㉡

03 예 지우개의 길이, 예 줄넘기의 길이
04 1 m   05 ②, ③, ⑤   06 80 cm   07 25 m
08 400 m   09 ㉢   10 7 m

실생활 활용 문제
11 예 친구들이 양팔을 벌려 옆으로 손을 잡고 서서 복도의 길이를 잽니다.

단원평가로 완성하기   80~83쪽
01 1   02 (1) 500 (2) 7, 14
03 1, 45   04 ②
05 태형, 지수, 지민, 건희   06 (1) 6, 38 (2) 4, 10
07   08 5, 13
                09 3 m 2 cm, 6 m 97 cm
                10 (1) 1 m (2) 250 cm (3) 20 m
11 14 m 76 cm   12 4 m
13 (1) 9, 50 (2) 9, 50, 1, 10 / 1 m 10 cm   14 <
15 ㉠   16 ㉠   17 110 m 90 cm
18 (위에서부터) 5, 4, 3 / 3, 26
19 3 m   20 ㉡, 4 m 18 cm

4 시각과 시간

문제를 풀며 이해해요   87쪽
1 8, 9, 4, 8, 20   2 5, 6, 1, 5, 41
3

교과서 문제 해결하기   88~89쪽
01 2시 35분   02 6시 10분
03 3 / 10, 20, 25   04
05 4시 50분
06 (○)(   )
07 5, 33   08 ④
09 ㉡, ㉢   10

, 11시 41분

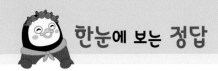 한눈에 보는 **정답**

실생활 활용 문제

11 책 읽기

 문제를 풀며 이해해요   91쪽

1 55, 5 / 55, 5   2 50, 10 / 50, 10

3 9, 55 / 10, 5   4 7, 50 / 8, 10

교과서 **문제 해결하기**   92~93쪽

01 5, 4 / 3, 55, 4, 5   02

03 15   04 12, 55

05

06 ㉡

07 영아

08 5시 10분 전에 색칠

09

10 10, 11

실생활 활용 문제

11 5시 55분

문제를 풀며 이해해요   95쪽

1 (1) 60 (2) 60   2 (1) 30, 10 (2) 40

3 (1) 3시 10분 20분 30분 40분 50분 4시 10분 20분 30분 40분 50분 5시

   (2) 1, 10

교과서 **문제 해결하기**   96~97쪽

01 4   02 7   03 1시

04 슬찬   05 ㉠

06 (   )(   )(○)   01 50분

08 4시 10분 20분 30분 40분 50분 5시 10분 20분 30분 40분 50분 6시

09 30분   10

실생활 활용 문제

11 1시 10분

문제를 풀며 이해해요   99쪽

1 (1) 9, 3 (2) 24 (3) 9   2 (1) 수 (2) 4 (3) 23

교과서 **문제 해결하기**   100~101쪽

01 ⑤

02 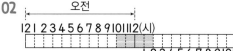 , 4시간

03 1시간 20분   04 5바퀴   05 예린   06 9월

07 ④   08 4일   09 17개월   10 화요일

실생활 활용 문제

11 6일

단원평가로 **완성하기**   102~105쪽

01 (1) 1시 20분 (2) 10시 55분   02 ③

03   04 12시 24분   05 ②

                                         06 12, 5   01 ㉣, ㉢

08   09 8시 25분

                         10 (○)(   )(   )

11 5시 10분 20분 30분 40분 50분 6시
   , 5시 40분

12 1시간 30분   13 1시간 25분

14 8시간   15   16 5번

17 18일   18 토요일   19 1월, 3월, 5월에 ○표

20 (1) 31 (2) 7, 9, 3 (3) 9, 10 / 9월 10일

5 표와 그래프

문제를 풀며 이해해요   109쪽

1 포도   2 20명

3

포도	사과	귤	망고
태리, 지유, 승연, 송현, 민영, 현지	예나, 유진, 태완, 강준, 규진, 지우, 성학, 재민	단하, 예준, 세림, 은경	재희, 사랑

4

과일	포도	사과	귤	망고	합계
학생 수 (명)	6	8	4	2	20

교과서 문제 해결하기

01 장미 **02** 3명

03

꽃	장미	튤립	무궁화	카네이션	합계
학생 수 (명)	6	5	3	2	16

04 16명 **05** 5가지

06

곤충	나비	무당벌레	잠자리	메뚜기	개미	합계
학생 수 (명)	7	5	4	3	1	20

07 20명 **08** 학생 수, 학생 수

09

조각	▲	■	○	♡	합계
조각 수 (개)	3	2	8	6	19

10 ㉢, ㉣, ㉠, ㉤

실생활 활용 문제

11 21마리

문제를 풀며 이해해요

113쪽

1 6, 6 **2** 3, 3 **3** 4, 4 **4** 5, 5

5

볼펜 수(자루) \ 색깔	검은색	빨간색	파란색	초록색
6	○			
5	○			○
4	○		○	○
3	○	○	○	○
2	○	○	○	○
1	○	○	○	○

교과서 문제 해결하기

114~115쪽

01 학생 수 **02** 4칸

03

학생 수(명) \ 색깔	초록색	보라색	파란색	노란색
6		○		
5		○	○	
4		○	○	○
3		○	○	○
2	○	○	○	○
1	○	○	○	○

04 보라색 **05** ①, ⑤

06 예 지연이네 반 학생들이 받고 싶은 학용품별 학생 수

07 5개

08

운동 \ 학생 수(명)	1	2	3	4	5	6	7	8	9
농구	×	×							
배구	×	×	×	×					
야구	×	×	×	×					
축구	×	×	×	×	×	×	×	×	×

09 농구 **10** 그래프

실생활 활용 문제

11 컵타 공연

문제를 풀며 이해해요

117쪽

1 27 **2** 6 **3** 5

4 4 **5** 태권도 **6** 배드민턴

교과서 문제 해결하기

118~119쪽

01 17명 **02** 4가지

03

학생 수(명) \ 장소	영화관	놀이공원	박물관	과학관
6		/		
5	/	/		
4	/	/	/	
3	/	/	/	
2	/	/	/	/
1	/	/	/	/

04 놀이공원 **05** 박물관, 과학관 **06** ㉠ **07** 3명

08

악기 \ 학생 수(명)	1	2	3	4	5	6	7	8	9
칼림바	×	×	×						
우쿨렐레	×	×	×	×					
바이올린	×	×	×	×	×	×			
플루트	×	×	×	×	×	×	×	×	
피아노	×	×	×	×	×	×	×	×	×

09 표 **10** 그래프

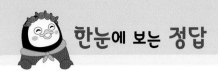

실생활 활용 문제

11 파란색

단원평가로 완성하기 120~123쪽

01 맑음

02
날씨	맑음	흐림	비	눈	합계
날수(일)	10	9	7	5	31

03 ㉢ 04 3명 05 예 7칸

06 제기차기 07 윤호, 도은, 태곤, 재훈

08
전통 놀이	투호 놀이	공기 놀이	비사 치기	제기 차기	합계
학생 수(명)	4	7	6	3	20

7		○		
6		○	○	
5		○	○	
4	○	○	○	
3	○	○	○	○
2	○	○	○	○
1	○	○	○	○
학생 수(명) / 전통 놀이	투호 놀이	공기 놀이	비사 치기	제기 차기

09 학생 수, 빵 10 ④

11
종류	과학책	동화책	수학책	위인전	합계
책 수(권)	7	10	6	9	32

12 동화책, 위인전, 과학책, 수학책

13
이름	서윤	진우	영재	합계
횟수(번)	2	3	4	9

14
5	/		
4	/		
3	/	/	/
2	/	/	
1	/	/	
횟수(번) / 이름	서윤	진우	영재

15 (1) 2, 5, 적습니다 (2) 3, 4, 적습니다
(3) 4, 3, 많습니다 (4) 영재 / 영재

16
7			×	
6		×	×	
5		×	×	
4		×	×	×
3	×	×	×	×
2	×	×	×	×
1	×	×	×	×
모자 수(개) / 색깔	빨강	노랑	파랑	초록

17 노랑, 파랑

18 4개

19 5권

20 15권

6 규칙 찾기

문제를 풀며 이해해요 127쪽

1 □ 2 ☆ 3 🍅에 ○표 4

교과서 문제 해결하기 128~129쪽

01 (○)( ) 02 ◎

03
1	2	3	1	2	3	1
2	3	1	2	3	1	2
3	1	2	3	1	2	3

04 ( )(○) 05 ♡, ◇

06
1	2	1	3	1	2	1	3	1
2	1	3	1	2	1	3	1	2
1	3	1	2	1	3	1	2	1

07

08 ↓ 09 ♡, ☆

10 ▲, ●, ●, ● / 예 ●와 ▲가 각각 1개씩 늘어나며 반복됩니다.

실생활 활용 문제

11 예

문제를 풀며 이해해요 131쪽

1 1 2 3 3 5 4 7 5 2 6 9

교과서 문제 해결하기 132~133쪽

01 4 02 9 03 16 04 25

05 ㉠ 쌓기나무의 수가 왼쪽에서 오른쪽으로 1개, 2개씩 반복됩니다.

06 ㉠ 쌓기나무의 수가 왼쪽에서 오른쪽으로 1개, 2개, 1개씩 반복됩니다.

07 ㉠ 쌓기나무 왼쪽, 오른쪽, 앞에 쌓기나무가 각각 1개씩 늘어납니다.

08 13개   **09** 10개   **10** 20개

실생활 활용 문제

11 ㉠ 쌓기나무의 수가 왼쪽에서 오른쪽으로 1개, 2개, 2개씩 반복됩니다.

문제를 풀며 이해해요   135쪽

1 1   **2** 1   **3** 2

4

+	0	1	2	3	4	5	6	7	8	9
0	0	1	2	3	4	5	6	7	8	9
1	1	2	3	4	5	6	7	8	9	10
2	2	3	4	5	6	7	8	9	10	11
3	3	4	5	6	7	8	9	10	11	12
4	4	5	6	7	8	9	10	11	12	13
5	5	6	7	8	9	10	11	12	13	14
6	6	7	8	9	10	11	12	13	14	15
7	7	8	9	10	11	12	13	14	15	16
8	8	9	10	11	12	13	14	15	16	17
9	9	10	11	12	13	14	15	16	17	18

교과서 문제 해결하기   136~137쪽

01 1   **02** 1   **03** 2

04

+	1	3	5	7	9
1	2	4	6	8	10
3	4	6	8	10	12
5	6	8	10	12	14
7	8	10	12	14	16
9	10	12	14	16	18

05 2   **06** 2   **07** 4, 커집니다에 ○표

08 2씩   **09** 14, 13   **10** 1, 작아집니다에 ○표

실생활 활용 문제

11

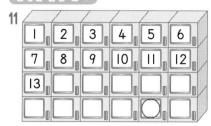

문제를 풀며 이해해요   139쪽

1 7   4

2 3

3 같은에 ○표

×	1	2	3	4	5	6	7	8	9
1	1	2	3	4	5	6	7	8	9
2	2	4	6	8	10	12	14	16	18
3	3	6	9	12	15	18	21	24	27
4	4	8	12	16	20	24	28	32	36
5	5	10	15	20	25	30	35	40	45
6	6	12	18	24	30	36	42	48	54
7	7	14	21	28	35	42	49	56	63
8	8	16	24	32	40	48	56	64	72
9	9	18	27	36	45	54	63	72	81

교과서 문제 해결하기   140~141쪽

01

×	1	2	3	4	5
1	1	2	3	4	5
2	2	4	6	8	10
3	3	6	9	12	15
4	4	8	12	16	20
5	5	10	15	20	25

02 2, 2

03 ①, ④, ⑤

04

×	1	2	3	4
1	1	2	3	4
3	3	6	9	12
5	5	10	15	20
7	7	14	21	28

05

×	2	4	6	8
1	2	4	6	8
2	4	8	12	16
3	6	12	18	24
4	8	16	24	32

06 짝수에 ○표   **07** ㉢   **08** ㉠ 같은 두 수의 곱입니다.

09

10	15	20	25
12	18	24	30
14	21	28	35
16	24	32	40

10

36	42	48	54
42	49	56	63
48	56	64	72
54	63	72	81

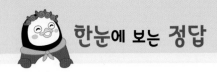

한눈에 보는 정답

실생활 활용 문제

11

×	2	4	6	8
2	4	8	12	16
4	8	16	24	32
6	12	24	36	48
8	16	32	48	64

, 예) 12씩 커집니다.

문제를 풀며 이해해요   143쪽

1 23, 30   2 20, 27   3 1

4 7   5 6   6 8

교과서 문제 해결하기   144~145쪽

01 22, 29   02 18, 25   03 7   04 19

05 노란색   06 예) 시계가 3시간씩 지납니다.

07

08 29번

09 예) 20분 간격으로 출발합니다.

10 11시

실생활 활용 문제

11 ㉡

단원평가로 완성하기   146~149쪽

01 (1) ○ (2) →   02 ●, ■

03

1	2	3	2	1	2	3
1	2	3	2	1	2	3	2

04

	☆	☆			☆	☆			☆	☆
♥		♥		♥		♥		♥		♥
	☆	☆			☆	☆			☆	☆
♥		♥		♥		♥		♥		♥

05 1, 2

06 10개

07 ■

08 16개   09 10

10 (1)

+	2	4	6	8	10
1	3	5	7	9	11
2	4	6	8	10	12
3	5	7	9	11	13
4	6	8	10	12	14
5	7	9	11	13	15

(2) 2 (3) 1

(4) 3, 커집니다에 ○표

11 ③

12 (1)

×	1	3	5	7	9
1	1	3	5	7	9
3	3	9	15	21	27
5	5	15	25	35	45
7	7	21	35	49	63
9	9	27	45	63	81

(2)

×	1	3	5	7	9
1	1	3	5	7	9
3	3	9	15	21	27
5	5	15	25	35	45
7	7	21	35	49	63
9	9	27	45	63	81

13

9	10	11
		12
12	13	14
13	14	
13	14	

14 (화살표 방향으로)
32, 40, 56, 72

15

24	28	
30	35	40
	42	48
35	42	49

16 19, 26

17 24일

18 23, 16

19 ㉢

20 (1) 15 (2)

BOOK 2 실전책

1단원 핵심＋문제 복습 ▶▶▶   4~5쪽

01 100, 10   02 2, 1, 8, 7 / 2187

03 (○)(   )   04 4006   05 ㉢

06 4829, 5029, 5129   07 6561

08 >   09 <   10 4789에 ○표

학교 시험 만점왕 1회   1. 네 자리 수
6~7쪽

01 4, 4000, 사천   02 (1) 칠천 (2) 9000

03 2장 04 1586, 천오백팔십육

05 2724 06 ④ 07 ㉡

08 (1) 7341 (2) 8056 09 10

10 6328 ➡ 7328 ➡ 7428
   ⬇
   6428 ➡ 7428 ➡ 7528

11 풀이 참조, 8419 12 재형 13 풀이 참조, 5개

14 하영 15 2506, 2507, 2508

학교 시험 만점왕 2회 ——— 1. 네 자리 수 8~9쪽

01 10 02 5000장

03 3158, 삼천백오십팔 04 ( )(○)

05 ㉡ 06 예 ⑩⑩⑩⑩⑩⑩ 1000 1000 100 10 1 1

07 9375

08 8092 09 (1) 500 (2) 20

10 4208, 3218 11 7605, 7505, 7405

12 6625 13 ( )(○)

14 풀이 참조, 오천삼백 15 풀이 참조, 4개

2단원 핵심+문제 복습 ▶▶▶ 10~11쪽

01 10, 10 02 4, 12 03 42 / 7, 42

04 24 05 54 06 8 07 0

08

×	1	2	3	4	5	6	7	8	9
5	5	10	15	20	25	30	35	40	45
6	6	12	18	24	30	36	42	48	54
7	7	14	21	28	35	42	49	56	63

09 7 10 6×5

학교 시험 만점왕 1회 ——— 2. 곱셈구구 12~13쪽

01 6, 12 02 (선 잇기) 03 30자루

04 20개 05 7 06 40개

07 ㉣ 08 28, 42, 56 09 8, 5, 3

10 12, 3, 18 11 풀이 참조, 7 12 0

13

×	1	2	3	4	5	6	7	8	9	/5×3
2	2	4	6	8	10	12	14	16	18	
3	3	6	9	12	15	18	21	24	27	
4	4	8	12	16	20	24	28	32	36	
5	5	10	15	20	25	30	35	40	45	
6	6	12	18	24	30	36	42	48	54	

14 9 15 풀이 참조, 60개

학교 시험 만점왕 2회 ——— 2. 곱셈구구 14~15쪽

01 8, 16 02 9, 45 03 보빈

04 7, 28, 49, 42, 14, 63에 ○표 05 9, 81

06 ( )( )(○) 07 4, 32

08 8, 3, 6, 4 09 2×6, 3×4, 4×3, 6×2에 ○표

10 풀이 참조, ㉠ 11 0, 0, 0, 0 12 0

13

×	1	2	3	4	5	6	7	8	9
7	7	14			35	42			○
8	8		24	32			56	64	
9							♥		

14 72 15 풀이 참조, 46개

3단원 핵심+문제 복습 ▶▶▶ 16~17쪽

01 10 02 100, 1 03 150, 1, 50 04 3, 25

05 6미터 70센티미터 06 ✕

07 (○)( )(○)

08 740 cm 09 3 10 (1) 6, 59 (2) 2, 60

학교 시험 만점왕 1회 ——— 3. 길이 재기 18~19쪽

01 (1) 200 (2) 6, 83 02 7미터 5센티미터

03 1 m 20 cm 04 (선 잇기)

05 ㉠, ㉢, ㉡, ㉣ 06 (1) 8, 65 (2) 2, 50

07 2 m 50 cm 08 풀이 참조, 10 m 73 cm

09 8 m 90 cm, 2 m 50 cm 10 >

11 (1) cm (2) m 12 3, 2 13 9 m

14 7, 5, 2 / 6, 44 15 풀이 참조, 40 cm

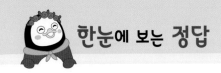

학교 시험 만점왕 2회

3. 길이 재기
20~21쪽

01 (1) 700 (2) 3, 50 **02** 8미터 19센티미터

03 1 m 8 cm **04** (선 연결)

05 <

06 (1) 15 cm (2) 10 m **07** 태민

08 (1) 6, 95 (2) 4, 9 **09** 5 m **10** 7 m 56 cm

11 풀이 참조, 4 m 50 cm **12** <

13 285 cm **14** ⑤ **15** 풀이 참조, 7 m 85 cm

4단원 핵심+문제 복습 ▶▶▶
22~23쪽

01 ( )(○)( ) **02** 1, 17

03 10, 58 **04** 10 **05** 5

06 9, 15 **07** 3시 26분 **08** (1) 20 (2) 24

09 4번 **10** 4월 25일

학교 시험 만점왕 1회

4. 시각과 시간
24~25쪽

01 ㉡ **02** (1) 25 (2) 40 (3) 55

03 8시 12분 **04** 6시 38분

05 (시계 그림)

06 (○)( )

07 70

08 15

09 10시 10분 20분 30분 40분 50분 11시 10분 20분 30분 40분 50분 12시

(띠 그래프), 1시간 30분

10 풀이 참조, 1시간 50분 **11** 오전에 ○표, 8, 20

12 (1) × (2) ○ (3) × (4) ○

13 4일, 11일, 18일, 25일

14 12, 17, 토 **15** 풀이 참조, 9일

학교 시험 만점왕 2회

4. 시각과 시간
26~27쪽

01 7시 15분 **02** 10시 50분

03 (시계 그림)

04 혜수

05 8시 24분

06 12, 55 / 1, 5

07 ④ **08** (1) 60 (2) 12 **09** 10시 20분

10 풀이 참조, 우진 **11** ③ **12** ㉢

13 30일 **14** 19일 **15** 풀이 참조, 수요일

5단원 핵심+문제 복습 ▶▶▶
28~29쪽

01 강아지 **02** 24명 **03** 안나, 우철, 은서

04

반려동물	강아지	고양이	햄스터	금붕어	합계
학생 수 (명)	9	7	5	3	24

05

	연우	윤담	재원	희범	서우
5				○	
4		○		○	○
3	○	○		○	○
2	○	○	○	○	○
1	○	○	○	○	○
연필 수(자루) \ 이름	연우	윤담	재원	희범	서우

06 희범

07 재원

08 연우, 재원 **09** 서우 **10** 표, 그래프

학교 시험 만점왕 1회

5. 표와 그래프
30~31쪽

01 딸기 우유 **02** 주원, 희민 **03** 3명

04

우유	딸기	바나나	초코	합계
학생 수(명)	3	3	2	8

05 떡볶이

06

간식	떡볶이	김밥	닭강정	피자	스파게티	합계
학생 수 (명)	5	4	7	3	2	21

07 21명 **08** 예 7칸 **09** 자료

10

	봄	여름	가을	겨울
8	○			
7	○		○	
6	○	○	○	
5	○	○	○	
4	○	○	○	○
3	○	○	○	○
2	○	○	○	○
1	○	○	○	○
학생 수(명) \ 계절	봄	여름	가을	겨울

11 봄

12 풀이 참조, 4명

13

위인	이순신	세종대왕	유관순	신사임당	안중근	합계
학생 수 (명)	9	6	4	3	7	29

14 ㉢　　　　15 풀이 참조, 세종대왕

학교 시험 만점왕 2회
5. 표와 그래프　32~33쪽

01 비

02

날씨	맑음	흐림	비	눈	합계
날수(일)	9	11	7	4	31

03 11일　　04 2일　　05 풀이 참조, 8권

06

종류＼책 수(권)	1	2	3	4	5	6	7	8
동시집	○	○	○	○	○			
과학책	○	○	○	○	○	○		
수학책	○	○	○					
위인전	○	○	○	○	○	○	○	
동화책	○	○	○	○	○	○	○	○

07 동화책　08 동시집　09 6명

10 풀이 참조, 가지, 상추　11 토마토, 고추

12

주스＼학생 수(명)	1	2	3	4	5	6	7	8
오렌지	×	×	×	×				
포도	×	×	×	×	×			
복숭아	×	×	×	×	×	×	×	
수박	×	×	×	×	×	×		

13 수박, 복숭아

14

횟수(번)＼이름	보아	미경	영서	호린
5				
4	/			
3	/		/	/
2	/	/	/	/
1	/	/	/	/

15 2번

6단원 핵심+문제 복습 ▶▶▶
34~35쪽

01 ♡　　02 ●　　03

04 9, 12　　05 1

06 예 1씩 커집니다.

07 21, 20, 25, 36　　08 4

09 6　　10

학교 시험 만점왕 1회
6. 규칙 찾기　36~37쪽

01 ♡, △, ♡

02

1	2	1	1	2	1	1
2	1	1	2	1	1	2
1	1	2	1	1	2	1

03 1

04 ㉡

05

+	1	3	5	7	9
1	2	4	6	8	10
3	4	6	8	10	12
5	6	8	10	12	14
7	8	10	12	14	16
9	10	12	14	16	18

06 4씩

07

7	8	
8	9	10
	10	11

08

11		13
12	13	14
13		

09 11개　　10 6씩

11 풀이 참조, 20

12 12 / 21　　13 15개

14 ⑤　　15 풀이 참조, 5시 30분

학교 시험 만점왕 2회
6. 규칙 찾기　38~39쪽

01 (　　)(○)　　02 ◆, ◆　　03 △

04 3개　　05 오른쪽에 ○표, 1　　06 6개

07 　　08

09

×	1	2	3	4	5
1	1	2	3	4	5
2	2	4	6	8	10
3	3	6	9	12	15
4	4	8	12	16	20
5	5	10	15	20	25

10

×	1	2	3	4	5
1	1	2	3	4	5
2	2	4	6	8	10
3	3	6	9	12	15
4	4	8	12	16	20
5	5	10	15	20	25

11

+	1	3	5	7
1	2	4	6	8
3	4	6	8	10
5	6	8	10	12
7	8	10	12	14

12 2씩　　13 (1) ○ (2) × (3) ○

14 풀이 참조, 7개　　15 풀이 참조, 목요일

1 네 자리 수

문제를 풀며 이해해요   9쪽

1 10   2 100

3 6, 6000, 육천

4 (예)

교과서 문제 해결하기   10~11쪽

01 1000, 천   02 1000

03 2개

04 (1) 997, 1000 (2) 980, 1000

05 요한

06 (예)

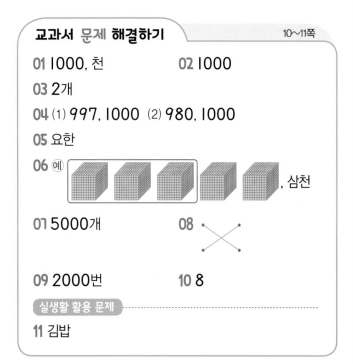, 삼천

01 5000개   08 ✕

09 2000번   10 8

실생활 활용 문제

11 김밥

---

01 100이 10개이면 1000입니다. 1000은 천이라 고 읽습니다.

02 ・900보다 100만큼 더 큰 수는 1000입니다.
・800보다 200만큼 더 큰 수는 1000입니다.

03 100원짜리 동전이 10개이면 1000원입니다. 100원짜리 동전이 8개 있으므로 2개 더 있어야 합니다.

04 (1) 999보다 1만큼 더 큰 수는 1000입니다.
(2) 990보다 10만큼 더 큰 수는 1000입니다.

05 은수: 100이 9개인 수는 900입니다.
지우: 700보다 100만큼 더 큰 수는 800입니다.
요한: 950보다 50만큼 더 큰 수는 1000입니다.
따라서 요한이가 말한 수가 가장 큽니다.

06 천 모형이 3개이면 3000입니다.
3000은 삼천이라고 읽습니다.

07 1000이 5개이면 5000입니다.

08 1000원짜리 지폐가 6장이면 6000원입니다.

09 100이 20개이면 2000입니다.

10 ・1000이 2개이면 2000이므로 4000이 되려면 2000이 더 있어야 합니다.
1000이 2개이면 2000이므로 ㉠은 2입니다.
・100이 30개이면 3000이므로 9000이 되려면 6000이 더 있어야 합니다.
1000이 6개이면 6000이므로 ㉡은 6입니다.
➡ ㉠+㉡=2+6=8

11 5000원을 내고 1000원짜리 지폐 2장을 거슬러 받았다면 3000원을 낸 것입니다.
3000원짜리 음식을 메뉴판에서 찾으면 김밥입니다.

문제를 풀며 이해해요   13쪽

1 2, 3, 7, 6 / 2376, 이천삼백칠십육

2 1434   3 (○)(   )

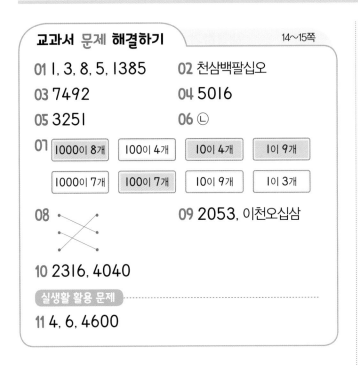

교과서 문제 해결하기 14~15쪽

01 1, 3, 8, 5, 1385　　02 천삼백팔십오

03 7492　　　　　　04 5016

05 3251　　　　　　06 ㉡

07

| 1000이 8개 | 100이 4개 | 10이 4개 | 1이 9개 |
| 1000이 7개 | 100이 7개 | 10이 9개 | 1이 3개 |

08

09 2053, 이천오십삼

10 2316, 4040

실생활 활용 문제

11 4, 6, 4600

---

01 1000이 1개, 100이 3개, 10이 8개, 1이 5개이면 1385입니다.

02 1385는 천삼백팔십오라고 읽습니다.

03 1000이 7개, 100이 4개, 10이 9개, 1이 2개이면 7492입니다.

04 1000이 5개, 100이 0개, 10이 1개, 1이 6개이면 5016입니다.

05 1000이 3개, 100이 2개, 10이 5개, 1이 1개이면 3251입니다.

06 오천삼백칠을 수로 쓰면 5307입니다.

07 8749는 1000이 8개, 100이 7개, 10이 4개, 1이 9개인 수입니다.

08 1000이 2개, 100이 3개이면 2300입니다.
1000이 2개, 10이 3개이면 2030입니다.
1000이 2개, 1이 3개이면 2003입니다.

09 100이 20개이면 2000입니다.
10이 5개이면 50, 1이 3개이면 3입니다.
따라서 100이 20개, 10이 5개, 1이 3개인 수는 2053입니다.

---

10 △△○○○◇♡♡♡♡♡♡은 1000이 2개, 100이 3개, 10이 1개, 1이 6개인 수이므로 2316입니다.
△△△△◇◇◇◇은 1000이 4개, 10이 4개인 수이므로 4040입니다.

11 1000원짜리 지폐가 4장, 100원짜리 동전이 6개이면 4600원입니다.

문제를 풀며 이해해요 17쪽

1 9682

2 3, 4, 1, 300 / 5000, 40

3

교과서 문제 해결하기 18~19쪽

01 5000　　　　　　02 3개

03 8900　　　　　　04 ㉡

05 600, 20　　　　06 8000, 5

07

08 (1) 300　(2) 8000

09 2000, 200, 50, 3　10 10개

실생활 활용 문제

11 민수

---

01 5420에서 천의 자리 숫자 5는 5000을 나타냅니다.

02 2가 200을 나타내는 수는 백의 자리 숫자가 2인 1290, 3200, 8234이므로 모두 3개입니다.

03 천의 자리 숫자가 8, 백의 자리 숫자가 9이고, 십의 자리 숫자와 일의 자리 숫자가 각각 0인 네 자리 수는 8900입니다.

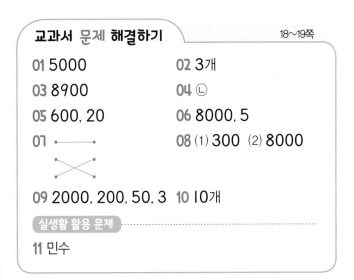

BOOK **1**

개념책

04 ⊙ 오천삼백이십은 **5320**, ⓒ 육천삼십오는 **6035**, ⓒ 사천삼은 **4003**입니다.
따라서 십의 자리 숫자가 **3**인 수는 ⓒ입니다.

05 **9623=9000+600+20+3**

06 **8295=8000+200+90+5**

07 **5306=5000+300+6**
3056=3000+50+6
3506=3000+500+6

08 (1) **4370**에서 백의 자리 숫자 **3**은 **300**을 나타냅니다.
(2) **8923**에서 천의 자리 숫자 **8**은 **8000**을 나타냅니다.

09 나타내는 수는 **1000**이 **2**개, **100**이 **2**개, **10**이 **5**개, **1**이 **3**개인 수이므로 **2253**입니다.
2253=2000+200+50+3

10 천의 자리 숫자가 **3000**을 나타내고, 백의 자리 숫자가 **400**을 나타내는 네 자리 수는 **34**□□입니다. □ 안에 같은 숫자가 들어가는 수는 **3400**, **3411**, **3422**, **3433**, ..., **3499**이므로 모두 **10**개입니다.

11 우형: **2020**, **2022**, **2024**의 천의 자리 숫자는 모두 **2000**을 나타냅니다.
민수: **2020**, **2022**, **2024**의 일의 자리 숫자는 각각 **0**, **2**, **4**이므로 모두 다릅니다.

문제를 풀며 이해해요   21쪽

1 **4341, 5341**
2 **2541, 2841**
3 **2351, 2371, 2381**
4 **2343, 2344, 2346**

교과서 **문제 해결하기**   22~23쪽

01 **2305, 4305, 6305**   **02** **10**

03 **2220**,

04 **5488, 5487, 5485**

05 **3230, 4230, 4240, 4250**

06 **2855, 3055, 3155**   **07** ④

08 **10, 100**   **09** **5640, 5750, 5830**

10 (1) 천, 백, 일에 ○표 (2) 천, 십, 일에 ○표

실생활 활용 문제

11 **1302**호

---

01 **1000**씩 뛰어 세면 천의 자리 숫자가 **1**씩 커집니다.

02 십의 자리 숫자가 **1**씩 커지므로 **10**씩 뛰어 센 것입니다.

03 백의 자리 숫자가 **1**씩 커지므로 가운데에 들어갈 수는 **2220**입니다.

04 **1**씩 거꾸로 뛰어 세면 일의 자리 숫자가 **1**씩 작아집니다.

05 **2230**에서 **1000**씩 뛰어 세면
2230-3230-4230입니다.
4230에서 **10**씩 뛰어 세면
4230-4240-4250입니다.

06 백의 자리 숫자가 **1**씩 커지고 있으므로 **100**씩 뛰어 세는 규칙입니다.

07 **8023**에서 **100**씩 뛰어 세었을 때 나올 수 있는 수는 **8023**과 십, 일의 자리 숫자가 각각 같습니다. ④ **8323**은 **8023**에서 **100**씩 **3**번 뛰어 센 수입니다.

08 → 방향으로 십의 자리 숫자가 **1**씩 커지고 있으므로 **10**씩 뛰어 센 것입니다.

↓ 방향으로 백의 자리 숫자가 1씩 커지고 있으므로 100씩 뛰어 센 것입니다.

09 ⊙ 5630보다 10만큼 더 큰 수는 5640입니다.
  ⓒ 5740보다 10만큼 더 큰 수는 5750입니다.
  ⓒ 5820보다 10만큼 더 큰 수는 5830입니다.

10 (1) 5710, 5720, 5730, 5740, 5750은
  10씩 뛰어 센 수이므로 천, 백, 일의 자리 숫자가 각각 같습니다.
  (2) 5640, 5740, 5840은 100씩 뛰어 센 수이므로 천, 십, 일의 자리 숫자가 각각 같습니다.

11 위로 한 층 올라갈수록 100씩 커집니다.
13층인 채하네 집은 13□□호인데 오른쪽이므로 1302호입니다.

문제를 풀며 이해해요
25쪽

1 (1) < (2) >
2 7, 8, 7 / 7812, 6720

교과서 문제 해결하기
26~27쪽

01 8, 9, 7 / 8923   02 <
03 >   04 재하
05 ⓒ   06 3000원
07 3259에 ○표, 2987에 △표
08 9864, 4689   09 ②
10 4개

실생활 활용 문제
11 민준

---

01 천의 자리 숫자가 같으면 백의 자리 숫자의 크기를 확인합니다. 백의 자리 숫자를 확인하면 9>7이므로 8923>8793입니다.

02 9072 < 9181
      └ 0<1 ┘

03 3970 > 3969
      └ 7>6 ┘

04 삼천구십오는 3095, 삼천팔백일은 3801입니다. 천의 자리 숫자가 같고 백의 자리 숫자를 확인하면 0<8이므로 3095<3801입니다.
➡ 현진이의 말은 틀렸습니다.
이천삼백이십칠은 2327, 이천삼백오십은 2350입니다. 천의 자리 숫자와 백의 자리 숫자가 각각 같고 십의 자리 숫자를 확인하면 2<5이므로 2327<2350입니다.
➡ 재하의 말은 맞습니다.

05 ⊙ 1000이 7개, 100이 8개, 1이 4개인 수는 7804입니다.
  ⓒ 칠천구백오는 7905입니다.
천의 자리 숫자가 같고 백의 자리 숫자를 확인하면 8<9이므로 7804<7905입니다.
따라서 ⓒ이 ⊙보다 큽니다.

06 가격을 나타내는 수가 클수록 비싼 필통입니다. 2500, 3000, 2800 중 가장 큰 수는 천의 자리 숫자가 가장 큰 3000입니다.

07 3256, 2987, 3259 중 가장 작은 수는 천의 자리 숫자가 가장 작은 2987입니다.
3256과 3259는 천의 자리 숫자, 백의 자리 숫자, 십의 자리 숫자가 각각 같으므로 일의 자리 숫자를 확인하면 3259가 더 큽니다.

08 만들 수 있는 가장 큰 수는 수 카드의 수를 큰 수부터 천의 자리, 백의 자리, 십의 자리, 일의 자리에 놓은 9864입니다.
만들 수 있는 가장 작은 수는 수 카드의 수를 작은 수부터 천의 자리, 백의 자리, 십의 자리, 일의 자리에 놓은 4689입니다.

09 76□8<7669이려면 □ 안에 6보다 작거나 같은 수가 들어가야 합니다.
② 7은 □ 안에 들어갈 수 없습니다.

10 4596보다 크고 4604보다 작은 수 중에서 일의 자리 숫자가 홀수인 수는 4597, 4599, 4601, 4603으로 모두 4개입니다.

11 천의 자리 숫자는 2<3이므로 2965<3029 입니다.
따라서 민준이네 학교의 학생 수가 더 많습니다.

단원평가로 완성하기   28~31쪽

01 (1) ○ (2) ×   **02** 7, 7000, 칠천
03 2장   **04** ╳ (선 잇기)
05 4, 2, 1, 9   **06** 8360, 팔천삼백육십
01 2090에 ○표
08 예 (1000) (1000) (10) (1) (1) (1) (1) (1)
09 5개
10 (1) 5000, 30 (2) 800, 6
11 (1) 천, 9000 (2) 십, 70
12 ②, ④   **13** 4128, 6128, 8128
14 (1) 5257 (2) 2290
15 (1) 4300 (2) 4300, 4, 4700, 4700
/ 4700원
16 3069   **17** (1) > (2) >
18

3253	(2239)	2394
(2340)	2541	4281

19 5301, 5310   **20** 4개

---

01 (2) 100이 10개이면 1000입니다.

02 1000이 7개이면 7000이라 쓰고 칠천이라고 읽습니다.

03 100원짜리 동전 10개는 1000원짜리 지폐 1장으로 바꿀 수 있습니다.
따라서 100원짜리 동전 20개는 1000원짜리 지폐 2장으로 바꿀 수 있습니다.

04 1000이 9개이면 9000이므로 1000의 수가 9가 되도록 잇습니다.

05 4219는 1000이 4개, 100이 2개, 10이 1개, 1이 9개인 수입니다.

06 1000이 8개, 100이 3개, 10이 6개, 1이 0개인 수는 8360입니다.
8360은 팔천삼백육십이라고 읽습니다.

07 이천구십을 수로 쓰면 2090입니다.

08 2015는 1000이 2개, 100이 0개, 10이 1개, 1이 5개인 수입니다.

09 천백이십육은 1126, 이천삼백십오는 2315, 천일은 1001입니다.
따라서 1은 모두 5개입니다.

10 (1) 5238=5000+200+30+8
(2) 3846=3000+800+40+6

11 (1) 9278에서 9는 천의 자리 숫자이고 9000을 나타냅니다.
(2) 9278에서 7은 십의 자리 숫자이고 70을 나타냅니다.

12 백의 자리 숫자가 300을 나타내는 수는 백의 자리 숫자가 3인 수입니다.
따라서 ② 9387, ④ 1351입니다.

13 1000씩 뛰어 세면 천의 자리 숫자가 1씩 커집니다.

14 (1) 5237에서 10씩 2번 뛰어 세면 십의 자리 숫자가 3에서 5가 되므로 5257입니다.

(2) 2590에서 100씩 3번 거꾸로 뛰어 세면 백의 자리 숫자가 5에서 2가 되므로 2290입니다.

15 (1) 1000이 4개, 100이 3개인 수는 4300입니다.

(2) 4일 동안 하루에 100원씩 넣으므로 4300에서 100씩 4번 뛰어 셉니다.

4300-4400-4500-4600-4700

4300에서 100씩 4번 뛰어 센 수가 4700이므로 모두 4700원이 됩니다.

채점 기준	
상	1000이 4개, 100이 3개인 수를 구하고 그 수에서 100씩 4번 뛰어 센 수를 구했습니다.
중	1000이 4개, 100이 3개인 수만 구하고 그 수에서 100씩 4번 뛰어 센 수를 구하지 못했습니다.
하	1000이 4개, 100이 3개인 수를 구하지 못했습니다.

16 천 모형의 수가 같으므로 백 모형의 수를 비교합니다. 위쪽은 백 모형이 1개, 아래쪽은 백 모형이 0개이므로 아래쪽 수 모형이 나타내는 수가 더 작습니다. 아래쪽 수 모형이 나타내는 수는 3069입니다.

17 (1) 천의 자리 숫자는 5>4이므로 5211>4211입니다.

(2) 천의 자리 숫자와 백의 자리 숫자가 각각 같고 십의 자리 숫자를 확인하면 9>2이므로 1698>1627입니다.

18 2353<3253, 2353>2239, 2353<2394
2353>2340, 2353<2541, 2353<4281
따라서 2353보다 작은 수는 2239, 2340입니다.

19 1, 3, 5, 0을 한 번씩만 사용하여 만들 수 있는 네 자리 수 중에서 5300보다 큰 수는 천의 자리 숫자가 5, 백의 자리 숫자가 3인 5301, 5310입니다.

20 ㉠은 9095이고, ㉡은 9100입니다.
9095보다 크고 9100보다 작은 수는 9096, 9097, 9098, 9099로 모두 4개입니다.

문제를 풀며 이해해요 35쪽

1 (1) 6 (2) 8 (3) 7, 14
2 (1) 10 (2) 3, 15 (3) 8, 40

교과서 문제 해결하기 36~37쪽

01 10　　　　02 (1) 12 (2) 16

03 예

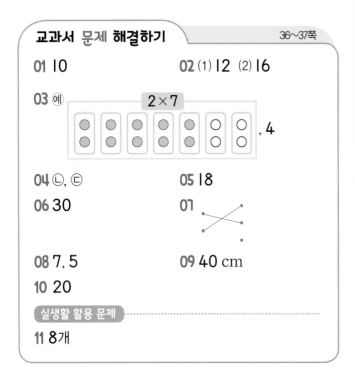

, 4

04 ㉡, ㉢　　　　05 18
06 30　　　　07

08 7, 5　　　　09 40 cm
10 20

실생활 활용 문제

11 8개

03 2×7은 2개씩 7묶음이므로 2×5보다 2개씩 2묶음 더 많습니다.
따라서 2×7은 10보다 4만큼 더 큽니다.

04 ㉠ 2×3=6　　　㉡ 2×5=10
㉢ 2×8=16　　　㉣ 2×4=8
따라서 곱이 8보다 큰 것은 ㉡, ㉢입니다.

05 2의 9배는 2×9=18입니다.

06 감이 5개씩 6묶음이므로 5의 6배입니다.
➡ 5×6=30

09 색 테이프 한 장의 길이가 5 cm이므로 색 테이프 8장의 길이는 5×8=40(cm)입니다.

10 5단 곱셈구구의 수는 5×1=5, 5×2=10, 5×3=15, 5×4=20, 5×5=25, 5×6=30, 5×7=35, 5×8=40, 5×9=45입니다.
이 중에서 15보다 크고 25보다 작은 수는 20입니다.

11 건전지는 2개씩 4묶음이므로 2의 4배입니다.
➡ 2×4=8(개)

문제를 풀며 이해해요 39쪽

1 (1) 9 (2) 12 (3) 6, 18
2 (1) 18 (2) 5, 30 (3) 7, 42

교과서 문제 해결하기 40~41쪽

01 5, 15　　　　02 8, 24

03 예

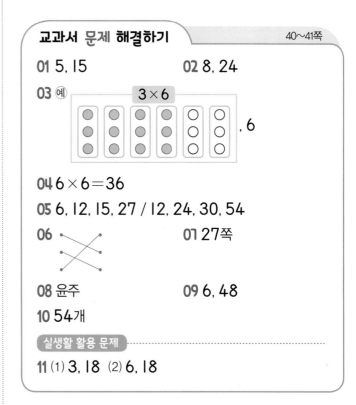

, 6

04 6×6=36
05 6, 12, 15, 27 / 12, 24, 30, 54
06　　　　　　　01 27쪽

08 윤주　　　　09 6, 48
10 54개

실생활 활용 문제

11 (1) 3, 18 (2) 6, 18

01 공이 3개씩 5묶음이므로 3의 5배입니다.
➡ 3×5=15

02 3씩 8번 뛰어 세면 24입니다.
➡ 3×8=24

03 3×6은 3개씩 6묶음이므로 3×4보다 3개씩 2묶음 더 많습니다.
따라서 3×6은 12보다 6만큼 더 큽니다.

04 쌓기나무가 6개씩 6묶음이므로 6의 6배입니다.
➡ $6 \times 6 = 36$

05 $3 \times 2 = 6$, $3 \times 4 = 12$, $3 \times 5 = 15$,
$3 \times 9 = 27$
$6 \times 2 = 12$, $6 \times 4 = 24$, $6 \times 5 = 30$,
$6 \times 9 = 54$

06 $3 \times 4 = 12$, $3 \times 2 = 6$, $3 \times 6 = 18$
$6 \times 3 = 18$, $6 \times 2 = 12$, $6 \times 1 = 6$

07 수학 문제집을 하루에 3쪽씩 9일 동안 풀었으므로 모두 $3 \times 9 = 27$(쪽)입니다.

08 쿠키가 6개씩 7묶음이므로 다음과 같이 구할 수 있습니다.
방법1 $6 + 6 + 6 + 6 + 6 + 6 + 6 = 42$
방법2 6×6에 6을 더하면 $36 + 6 = 42$입니다.
방법3 $6 \times 7 = 42$

09 무당벌레 한 마리의 다리는 6개이므로 무당벌레 8마리의 다리는 $6 \times 8 = 48$(개)입니다.

10 (주황색 초콜릿 상자에 들어 있는 초콜릿의 수)
$= 6 \times 4 = 24$(개)
(초록색 초콜릿 상자에 들어 있는 초콜릿의 수)
$= 6 \times 5 = 30$(개)
➡ $24 + 30 = 54$(개)
[다른 풀이] 초콜릿이 6개씩 들어 있는 상자가 $4 + 5 = 9$(개)이므로 모두 $6 \times 9 = 54$(개)입니다.

11 (1) 장난감 자동차는 6개씩 3묶음입니다.
➡ $6 \times 3 = 18$
(2) 장난감 자동차는 3개씩 6묶음입니다.
➡ $3 \times 6 = 18$

1 (1) 8 (2) $5, 20$ (3) $8, 32$
2 (1) 24 (2) $4, 32$ (3) $7, 56$

교과서 문제 해결하기   44~45쪽

01 $3, 12$ **02**
03 $5, 4$ **04** 32개
05 $9, 3, 6$ **06** $6, 48$
07 $8 \times 3 = 24$ **08** 56개
09 $2 \times 8 = 16$, $4 \times 4 = 16$, $8 \times 2 = 16$
10 40

실생활 활용 문제

11 (1) $3, 24$ (2) $6, 24$

01 양파가 4개씩 3묶음이므로 4의 3배입니다.
➡ $4 \times 3 = 12$

02 $4 \times 4 = 16$, $4 \times 6 = 24$, $4 \times 7 = 28$

03 4×5를 계산하는 방법은 다음과 같습니다.
방법1 4씩 5번 더합니다.
방법2 4×4에 4를 더합니다.
$4 \times 4 = 16$ ⎤ $+4$
$4 \times 5 = 20$ ⎦

04 책상 한 개의 다리는 4개이므로 책상 8개의 다리는 $4 \times 8 = 32$(개)입니다.

05 $4 \times 3 = 12$, $4 \times 6 = 24$, $\underline{4 \times 9 = 36}$

06 8씩 6번 뛰어 세어 48이 되었으므로
$8 \times 6 = 48$입니다.

07 8의 3배이므로 $8 \times 3 = 24$입니다.

08 거미 한 마리의 다리는 8개이므로 거미 7마리의 다리는 $8 \times 7 = 56$(개)입니다.

BOOK
1
개념책

09 꽃을 **2**송이씩 묶으면 **8**묶음이므로 $2 \times 8 = 16$, 꽃을 **4**송이씩 묶으면 **4**묶음이므로 $4 \times 4 = 16$, 꽃을 **8**송이씩 묶으면 **2**묶음이므로 $8 \times 2 = 16$ 입니다.

10

×	1	2	3	4	5	6	7	8	9
8	8	16	24	32	40	48	56	64	72

8단 곱셈구구의 수 중 숫자 **4**가 있는 수는 **24**, **40**, **48**, **64**입니다.
5단 곱셈구구에서 $5 \times 8 = 40$이므로 구하는 수는 **40**입니다.

11 (1) 쿠키는 **8**개씩 **3**묶음입니다. ➡ $8 \times 3 = 24$
　　(2) 쿠키는 **4**개씩 **6**묶음입니다. ➡ $4 \times 6 = 24$

문제를 풀며 이해해요 　　　　　　　　 47쪽

1 (1) **14** (2) **4**, **28** (3) **6**, **42**
2 (1) **27** (2) **5**, **45** (3) **7**, **63**

교과서 문제 해결하기 　　　　　　 48~49쪽

01 5, 35
02 42
03 ✕ (선 연결)
04 21 cm
05 $9 \times 4 = 36$
06 45통
07 6, 5, 4
08 2
09 현우
10 30개

실생활 활용 문제

11 21점

01 **7**씩 **5**번 뛰어 세면 **35**입니다.
➡ $7 \times 5 = 35$
03 $7 \times 7 = 49$, $7 \times 4 = 28$, $7 \times 9 = 63$

04 막대 한 개의 길이가 **7** cm이므로 막대 **3**개의 길이는 $7 \times 3 = 21$(cm)입니다.

05 **9**의 **4**배이므로 $9 \times 4 = 36$입니다.

06 멜론은 **9**통씩 **5**줄이므로 $9 \times 5 = 45$(통)입니다.

07 $9 \times 4 = 36$, $9 \times 5 = 45$, $\underline{9 \times 6 = 54}$

08 $6 \times 3 = 18$입니다.
9단 곱셈구구의 값이 **18**이 되는 경우는 $9 \times 2 = 18$입니다.
따라서 ☐ 안에 알맞은 수는 **2**입니다.

09 빵이 **9**개씩 **7**묶음이므로 다음과 같이 구할 수 있습니다.
방법 1 $9 + 9 + 9 + 9 + 9 + 9 + 9 = 63$
방법 2 9×6에 **9**를 더하면 $54 + 9 = 63$입니다.
방법 3 $9 \times 7 = 63$
방법 4 $9 \times 3 = 27$과 $9 \times 4 = 36$을 더하면 $27 + 36 = 63$입니다.

10 재영이가 산 초코바는 $9 \times 8 = 72$(개)입니다.
나누어 준 초코바는 $7 \times 6 = 42$(개)입니다.
따라서 남은 초코바는 $72 - 42 = 30$(개)입니다.

11 지율이가 이긴 경우는 다음과 같습니다.

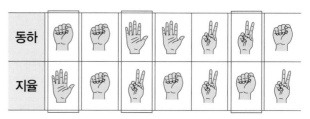

지율이가 **3**번 이겼으므로 $7 \times 3 = 21$(점)을 얻었습니다.

문제를 풀며 이해해요 　　　　　　　　 51쪽

1 (1) **2** (2) **5**, **5** (3) **7**, **7**
2 (1) **0** (2) **4**, **0** (3) **8**, **0**

교과서 문제 해결하기

01 6개 **02** <

03 1×7=7 **04**

8 2
8 2
(×1)
7 4
7 4

05

1 × 3 ⇒ 3
5 ⇒ 5
6 ⇒ 6
9 ⇒ 9

06 0, 0 **07** 0

08 8 **09** 9자루

10 30점

실생활 활용 문제

11 1, 6, 0, 0, 6

---

01 접시에 빵이 1개씩 접시 6개에 놓여 있으므로 1의 6배입니다.
➡ 1×6=6

02 4×1=4, 1×5=5
➡ 4<5

03 모자 한 개에 리본이 1개씩 붙어 있고 모자가 7개이 므로 1×7=7입니다.

04 8×1=8, 2×1=2, 7×1=7

05 1×(어떤 수)=(어떤 수)
1×3=3, 1×5=5,
1×6=6, 1×9=9

06 접시에 컵케이크가 없으므로 접시 한 개에 담긴 컵 케이크는 0개이고 접시가 5개이므로 0×5=0 입니다.

07 9×0=0
4×□=0에서 4×0=0입니다.
➡ □=0

08 1×8=8이므로 ♣=8입니다.
♣×1=8×1=8이므로 ♥=8입니다.

09 연필을 1자루씩 9명에게 나누어 주었으므로 나누 어 준 연필은 1×9=9(자루)입니다.

10

원판에 적힌 수	0	3	6	9
나온 횟수(번)	4	3	2	1
점수(점)	0×4=0	3×3=9	6×2=12	9×1=9

따라서 가은이가 얻은 점수는 모두
0+9+12+9=30(점)입니다.

11 세진이가 얻은 점수는 1×6=6, 0×2=0이므 로 모두 6+0=6(점)입니다.

BOOK
1

개
념
책

문제를 풀며 이해해요

1 (1)

×	6	7
2	12	14
3	18	21

(2)

×	8	9
4	32	36
5	40	45

(3)

×	3	4	5
3	9	12	15
4	12	16	20
5	15	20	25

(4)

×	6	7	8
6	36	42	48
7	42	49	56
8	48	56	64

(5)

×	1	2	3	4	5	6	7	8	9
7	7	14	21	28	35	42	49	56	63
8	8	16	24	32	40	48	56	64	72
9	9	18	27	36	45	54	63	72	81

2 (1) 3, 15 / 5, 15 (2) 9, 36 / 4, 36

01

×	1	2	3	4	5	6	7	8	9
3	3	6	9	12	15	18	21	24	27
4	4	8	12	16	20	24	28	32	36
5	5	10	15	20	25	30	35	40	45
6	6	12	18	24	30	36	42	48	54

02 4   **03** 5단

04

×	1	2	3	4	5	6	7	8	9
8	8	16	24	32	40	48	56	64	72
9	9	18	27	36	45	54	63	72	81

05 $7 \times 6 = 42$, $6 \times 7 = 42$

06 67   **07** 7×8

08

×	3	4	5	6	7	8	9
4	12	16	20	24	28	32	36
5	15	20	25	30	35	40	45
6	18	24	30	36	42	48	54
7	21	28	35	42	49	56	63
8	24	32	40	48	56	64	72
9	27	36	45	54	63	72	81

09 $4 \times 9 = 36$, $6 \times 6 = 36$, $9 \times 4 = 36$

10

×	4	5	6	7
2	8	10	12	14
4	16	20	24	28
6	24	30	36	42
8	32	40	48	56

실생활 활용 문제

11 72

02 4단 곱셈구구에서는 4, 8, 12, 16, 20, 24, 28, 32, 36으로 곱이 4씩 커집니다.

03 ●단 곱셈구구에서 곱은 ●씩 커집니다.
곱이 5씩 커지는 곱셈구구는 5단입니다.

05 $7 \times 6 = 42$이고 7과 6의 순서를 바꾸어 곱해도 곱이 같으므로 $6 \times 7 = 42$입니다.

06 ㉠$= 5 \times 7 = 35$
㉡$= 8 \times 4 = 32$
➡ ㉠$+$㉡$= 35 + 32 = 67$

07 곱셈표에서 $8 \times 7 = 56$이고, 8×7과 곱이 같은 곱셈구구는 7×8입니다.

10 곱셈표의 각각의 가로줄의 수들이 몇씩 커지는지 알아보면 몇 단 곱셈구구의 곱인지 알 수 있습니다.
8, 10, 12, 14는 2씩 커집니다.
16, 20, 24, 28은 4씩 커집니다.
24, 30, 36, 42는 6씩 커집니다.
32, 40, 48, 56은 8씩 커집니다.

11

×	1	2	3	4	5	6	7	8	9
9	9	18	27	36	45	54	63	72	81

9단 곱셈구구의 수 중에서 짝수는 18, 36, 54, 72입니다. 이 중에서 십의 자리 숫자가 70을 나타내는 수는 72입니다.

문제를 풀며 이해해요   59쪽

1 (1) 3, 12 (2) 2, 12 (3) 4, 36
2 (1) 3, 2, 18 (2) 5, 21

01 (위에서부터) 9, 3, 12   **02** (1) 9 (2) 6
03 (1) 1 (2) 0   **04** 27 cm
05 24개   **06** 63개
07 27   **08** 21개
09 3, 2, 24   **10** 민정, 영서, 소빈

실생활 활용 문제

11 45살

04 연필 한 자루의 길이가 9 cm이므로 연필 3자루의 길이는 $9 \times 3 = 27$(cm)입니다.

05 잠자리 한 마리의 다리가 6개이므로 잠자리 4마리의 다리는 모두 $6 \times 4 = 24$(개)입니다.

06 접시 한 개에 꿀떡을 7개씩 놓으므로 접시 9개에 놓으려면 꿀떡이 모두 $7 \times 9 = 63$(개) 필요합니다.

07

×	1	2	3	4	5	6	7	8	9
9	9	18	27	36	45	54	63	72	81

9단 곱셈구구의 수 중에서 홀수는 9, 27, 45, 63, 81입니다.

이 중에서 $4 \times 6 = 24$보다 크고 $6 \times 6 = 36$보다 작은 수는 27입니다.

08

$6 \times 4 = 24$ $24 - 3 = 21$

따라서 모두 21개입니다.

09 연결 모형의 수는 6×3과 3×2를 더하면 됩니다.
➡ $18 + 6 = 24$

10 소빈: $4 \times 9 = 36$(개)
영서: $7 \times 5 = 35$(개)
민정: $35 - 1 = 34$(개)
작은 수부터 순서대로 쓰면 34, 35, 36입니다.
따라서 공깃돌을 적게 가지고 있는 사람부터 순서대로 이름을 쓰면 민정, 영서, 소빈입니다.

11 (동하 이모의 나이)
$=$ (동하의 나이) $\times 5$
$= 9 \times 5 = 45$(살)

단원평가로 완성하기 62~65쪽

01 8, 40

02 7, 21

03 4, 6, 4

04

05 $8 \times 7 = 56$, $7 \times 8 = 56$

06 36자루

07 6, 48

08 45

09 28

10 72

11 1

12 0

13 4단

14 9×6

15 4×6, 6×4, 8×3

16 윤서

17 27개

18 26명

19 28점

20 (1) 8, 40 (2) 9, 27 (3) 40, 27, 13
/ 13개

01 5개씩 8묶음이므로 5의 8배입니다.
➡ $5 \times 8 = 40$

02 3씩 7번 뛰어 세면 21입니다.
➡ $3 \times 7 = 21$

03 사탕이 6개씩 4묶음입니다.
방법1 6씩 4번 더해서 구합니다.
➡ $6 + 6 + 6 + 6 = 24$
방법2 6×3에 6을 더해서 구합니다.
➡ $6 \times 3 = 18$, $18 + 6 = 24$
방법3 6×4로 구합니다.
➡ $6 \times 4 = 24$

04 $2 \times 8 = 16$, $0 \times 3 = 0$, $3 \times 6 = 18$
$7 \times 0 = 0$, $4 \times 4 = 16$, $6 \times 3 = 18$

05 ☆을 8개씩 묶으면 7묶음이므로 $8 \times 7 = 56$입니다. ☆을 7개씩 묶으면 8묶음이므로 $7 \times 8 = 56$입니다.

06 연필이 4자루씩 연필꽂이 9개에 꽂혀 있으므로 모두 $4 \times 9 = 36$(자루)입니다.

01 $3 \times 2 = 6$, $6 \times 8 = 48$

08 어떤 수를 □라고 하면 □$\times 6 = 30$에서
$5 \times 6 = 30$이므로 □$= 5$입니다.
따라서 바르게 계산하면 $5 \times 9 = 45$입니다.

09 7단 곱셈구구에서 $6 \times 5 = 30$보다 작은 수는 7,
14, 21, 28입니다.
이 중에서 4단 곱셈구구에도 나오는 수는
$4 \times 7 = 28$입니다.
따라서 설명하는 수는 28입니다.

10 $2 \times \bigcirc = 18$에서 $2 \times 9 = 18$이므로 $\bigcirc = 9$입니다.
$\bigcirc \times 8 = 64$에서 $8 \times 8 = 64$이므로 $\bigcirc = 8$입니다.
➡ $\bigcirc \times \bigcirc = 9 \times 8 = 72$

11 어떤 수와 1의 곱은 어떤 수이고, 1과 어떤 수의
곱은 어떤 수입니다.
➡ $6 \times 1 = 6$, $1 \times 7 = 7$, $1 \times 4 = 4$

12 어떤 수를 □라고 하면 $5 \times$ □$= 0$입니다.
$5 \times 0 = 0$이므로 □$= 0$입니다.

13 4단 곱셈구구의 값은 4, 8, 12, 16, 20, 24,
28, 32, 36으로 4씩 커집니다.

14 $6 \times 9 = 54$이므로 ♥$= 54$입니다.
따라서 다른 단에서 곱이 54인 곱셈구구는
9×6입니다.

15 $3 \times 8 = 24$
곱셈표에서 곱이 24인 곱셈구구는
4×6, 6×4, 8×3입니다.

16 윤서: $1 \times 4 = 4$
석현: $8 \times 0 = 0$
$4 > 0$이므로 윤서가 이겼습니다.

17 놓여 있던 인형은 $7 \times 5 = 35$(개)입니다.
따라서 팔리고 남은 인형은 $35 - 8 = 27$(개)입니다.

18 4명씩 5모둠은 $4 \times 5 = 20$(명)입니다.
나머지 한 모둠이 6명이므로 나연이네 반 학생은
모두 $20 + 6 = 26$(명)입니다.

19 0이 적힌 카드를 뒤집어서 얻은 점수:
$0 \times 4 = 0$(점)
1이 적힌 카드를 뒤집어서 얻은 점수:
$1 \times 3 = 3$(점)
2가 적힌 카드를 뒤집어서 얻은 점수:
$2 \times 1 = 2$(점)
3이 적힌 카드를 뒤집어서 얻은 점수:
$3 \times 5 = 15$(점)
4가 적힌 카드를 뒤집어서 얻은 점수:
$4 \times 2 = 8$(점)
➡ $0 + 3 + 2 + 15 + 8 = 28$(점)

20 (1) 은성이가 준비한 젤리는 5개씩 8봉지이므로
$5 \times 8 = 40$(개)입니다.
(2) 은성이가 젤리를 3개씩 9명에게 나누어 주었으
므로 나누어 준 젤리는 $3 \times 9 = 27$(개)입니다.
(3) 따라서 남은 젤리는 $40 - 27 = 13$(개)입니다.

채점 기준	
상	은성이가 준비한 젤리의 수와 나누어 준 젤리의 수를 각각 구하여 남은 젤리의 수를 구했습니다.
중	은성이가 준비한 젤리의 수와 나누어 준 젤리의 수를 각각 구하였으나 남은 젤리의 수를 구하지 못했습니다.
하	은성이가 준비한 젤리의 수와 나누어 준 젤리의 수를 구하지 못했습니다.

3 길이 재기

문제를 풀며 이해해요　　69쪽

1 100, 1　　　　**2** 210, 2, 10
3 135, 1, 35

교과서 문제 해결하기　　70~71쪽

01 1　　　　**02** (1) 400　(2) 9, 53
03 2미터 60센티미터　　**04**
05 205, 2, 5　　**06** 1 m 90 cm
01 215 cm　　**08** ㉡, ㉢, ㉠, ㉣
09 (1) cm　(2) m　(3) m　(4) cm
10 1040 cm

실생활 활용 문제

11 7 m 85 cm, 8 m 14 cm

01 100 cm＝1 m

02 (2) 953 cm＝900 cm＋53 cm
　　　　　＝9 m＋53 cm＝9 m 53 cm

03 m는 미터, cm는 센티미터라고 읽습니다.

04 5 m 87 cm＝5 m＋87 cm
　　　　　　＝500 cm＋87 cm
　　　　　　＝587 cm
　　5 m 7 cm＝5 m＋7 cm
　　　　　　＝500 cm＋7 cm
　　　　　　＝507 cm
　　5 m 70 cm＝5 m＋70 cm
　　　　　　　＝500 cm＋70 cm
　　　　　　　＝570 cm

05 205 cm＝200 cm＋5 cm
　　　　　＝2 m＋5 cm
　　　　　＝2 m 5 cm

06 190 cm＝100 cm＋90 cm
　　　　　＝1 m＋90 cm
　　　　　＝1 m 90 cm

07 2 m 15 cm＝2 m＋15 cm
　　　　　　＝200 cm＋15 cm
　　　　　　＝215 cm

08 길이를 비교하기 위해서는 몇 m 몇 cm 또는 몇 cm로 길이의 단위를 같게 해야 합니다.
　㉠ 823 cm
　㉡ 8 m 32 cm＝832 cm
　㉢ 8 m 4 cm＝804 cm
　㉣ 830 cm
따라서 길이가 긴 것부터 순서대로 기호를 쓰면
㉡, ㉣, ㉠, ㉢입니다.

10 탑의 높이는 10 m보다 40 cm 더 높으므로 10 m 40 cm입니다.
　➡ 10 m 40 cm＝10 m＋40 cm
　　　　　　　＝1000 cm＋40 cm
　　　　　　　＝1040 cm

11 줄자에서 화살표로 표시한 부분을 읽습니다.
　㉠ 짧은 쪽의 길이는 785 cm＝7 m 85 cm입니다.
　㉡ 긴 쪽의 길이는 814 cm＝8 m 14 cm입니다.

문제를 풀며 이해해요　　73쪽

1 3, 70　　　　**2** 2, 30
3 (1) 5, 65　(2) 6, 40

교과서 문제 해결하기

01 (1) 5, 85　(2) 6, 10
02 (1) 6 m 29 cm　(2) 2 m 62 cm
03
04 >
05 5, 80　　　　　　　**06** 4, 68
01 ㉢, ㉡, ㉠　　　　　**08** 1 m 5 cm
09 6 m 90 cm　　　　　**10** 승우, 14 cm

실생활 활용 문제

11 우체국, 38 m 12 cm

---

01 (1) m는 m끼리, cm는 cm끼리 더하여 구합니다.
　　(2) m는 m끼리, cm는 cm끼리 빼서 구합니다.

02 같은 단위끼리 더하거나 뺍니다.

03 7 m 24 cm+1 m 40 cm=8 m 64 cm
　　6 m 8 cm+2 m 50 cm=8 m 58 cm
　　10 m 55 cm−3 m 15 cm=7 m 40 cm

04 670 cm−3 m 50 cm
　　=6 m 70 cm−3 m 50 cm
　　=3 m 20 cm
　　➡ 3 m 20 cm>3 m 10 cm

05 길이의 덧셈을 이용합니다.
　　2 m 46 cm+3 m 34 cm=5 m 80 cm

06 길이의 뺄셈을 이용합니다.
　　6 m 72 cm−2 m 4 cm=4 m 68 cm

01 ㉠ 2 m 10 cm+405 cm
　　　=2 m 10 cm+4 m 5 cm
　　　=6 m 15 cm
　　㉡ 3 m 20 cm+3 m 10 cm=6 m 30 cm
　　㉢ 5 m 2 cm+1 m 90 cm=6 m 92 cm
　　따라서 길이가 긴 것부터 순서대로 기호를 쓰면
　　㉢, ㉡, ㉠입니다.

08 게시판의 긴 쪽의 길이에서 짧은 쪽의 길이를 뺍니다.
　　3 m 15 cm−210 cm
　　=3 m 15 cm−2 m 10 cm
　　=1 m 5 cm

09 가장 긴 길이는 4 m 65 cm이고 가장 짧은 길이는 225 cm입니다.
　　➡ 4 m 65 cm+225 cm
　　　=4 m 65 cm+2 m 25 cm
　　　=6 m 90 cm

10 멀리뛰기 시합에서 지수는 1 m 38 cm를 뛰었고, 승우는 152 cm=1 m 52 cm를 뛰었으므로 승우가 더 멀리 뛰었습니다.
　　따라서 승우가
　　1 m 52 cm−1 m 38 cm=14 cm만큼 더 멀리 뛰었습니다.

11 학교에서 우체국이
　　95 m 20 cm−57 m 8 cm=38 m 12 cm
　　더 가깝습니다.

문제를 풀며 이해해요

1 3　　　　　　**2** 4
3 2　　　　　　**4** 3

교과서 문제 해결하기

01 2 m　　　　　　　**02** ㉡
03 예 지우개의 길이, 예 줄넘기의 길이
04 1 m　　　　　　　**05** ②, ③, ⑤
06 80 cm　　　　　　**01** 25 m
08 400 m　　　　　　**09** ㉢
10 7 m

실생활 활용 문제

11 예 친구들이 양팔을 벌려 옆으로 손을 잡고 서서 복도의 길이를 잽니다.

01 약 1 m의 ●배 정도인 길이는 약 ● m입니다.

02 ㉠은 1 m의 2배 정도이므로 약 2 m입니다.
㉡은 1 m의 3배 정도이므로 약 3 m입니다.
㉢은 1 m의 1배 정도이므로 약 1 m입니다.

04 상자 한 개의 높이가 50 cm이고 세탁기의 높이는 상자 2개의 높이 정도입니다.
세탁기의 높이는 약 50+50=100(cm)입니다.
따라서 세탁기의 높이는 약 1 m입니다.

05 m를 사용하여 나타내기에 알맞은 것은 1 m보다 더 긴 길이입니다.
따라서 ② 철봉의 높이, ③ 수영장의 길이, ⑤ 건물의 높이입니다.

06 선풍기의 높이는 약 80 cm입니다.

07 수영장의 길이는 약 25 m입니다.

08 호수 둘레의 길이는 약 400 m입니다.

09 방의 긴 쪽의 길이를 가장 적은 횟수로 재려면 가장 긴 양팔을 벌린 길이로 재어야 합니다.

10 수미의 한 걸음은 약 50 cm이고 2걸음은 약 1 m입니다.
2×7=14이므로 2의 7배는 14입니다.
교실 짧은 쪽의 길이가 수미의 걸음으로 재었을 때 14걸음이므로 약 7 m입니다.

11 복도의 길이가 길기 때문에 걸음으로 재거나 친구들이 옆으로 나란히 손을 잡고 서서 양팔을 벌린 길이의 몇 배인지 알아보아 복도의 길이를 어림하여 잽니다.

80~83쪽

단원평가로 완성하기

01 1
02 (1) 500 (2) 7, 14
03 1, 45
04 ②
05 태형, 지수, 지민, 건희
06 (1) 6, 38 (2) 4, 10
07

08 5, 13
09 3 m 2 cm, 6 m 97 cm
10 (1) 1 m (2) 250 cm (3) 20 m
11 14 m 76 cm
12 4 m
13 (1) 9, 50 (2) 9, 50, 1, 10 / 1 m 10 cm
14 <
15 ㉠
16 ㉠
17 110 m 90 cm
18 (위에서부터) 5, 4, 3 / 3, 26
19 3 m
20 ㉡, 4 m 18 cm

01 100 cm는 1 m와 같습니다.

02 (1) 5 m=500 cm
(2) 714 cm=700 cm+14 cm
=7 m+14 cm
=7 m 14 cm

03 145 cm=100 cm+45 cm
=1 m+45 cm
=1 m 45 cm

05 지민이는 132 cm=1 m 32 cm이고,
건희는 1 m 28 cm입니다.
태형이는 140 cm=1 m 40 cm이고,
지수는 1 m 35 cm입니다.
긴 길이부터 쓰면 1 m 40 cm, 1 m 35 cm, 1 m 32 cm, 1 m 28 cm입니다.
따라서 키가 큰 사람부터 순서대로 이름을 쓰면 태형, 지수, 지민, 건희입니다.

BOOK 1 개념책

07 1 m 65 cm+3 m 20 cm=4 m 85 cm
8 m 45 cm−5 cm=8 m 40 cm
5 m 25 cm−3 m 10 cm=2 m 15 cm

08 7 m 58 cm−2 m 45 cm=5 m 13 cm

09 4 m 92 cm−1 m 90 cm=3 m 2 cm
3 m 2 cm+3 m 95 cm=6 m 97 cm

10 (1) 동생의 키는 약 1 m입니다.
(2) 정글짐의 높이는 약 250 cm입니다.
(3) 횡단보도의 길이는 약 20 m입니다.

11 줄자로 잰 체육관 짧은 쪽의 길이는 1476 cm입니다. ➡ 1476 cm=14 m 76 cm

12 자동차 긴 쪽의 길이는 1 m의 4배 정도이므로 약 4 m입니다.

13 (1) 두 색 테이프의 길이의 합은
4 m 20 cm+5 m 30 cm
=9 m 50 cm입니다.
(2) (㉠의 길이)
=(두 색 테이프의 길이의 합)
−(겹치게 이은 전체의 길이)
=9 m 50 cm−8 m 40 cm
=1 m 10 cm

채점 기준	
상	두 색 테이프의 길이의 합을 구한 다음 ㉠의 길이를 구했습니다.
중	두 색 테이프의 길이의 합을 구했으나 ㉠의 길이를 구하지 못했습니다.
하	두 색 테이프의 길이의 합을 구하지 못했습니다.

14 6 m 12 cm−305 cm
=6 m 12 cm−3 m 5 cm=3 m 7 cm
➡ 3 m 7 cm<3 m 20 cm

15 칠판 긴 쪽의 길이를 가장 많은 횟수로 잴 수 있는 방법은 가장 짧은 길이인 ㉠ 뼘으로 재는 것입니다.

16 ㉠ 382 cm+4 m 5 cm
=3 m 82 cm+4 m 5 cm
=7 m 87 cm
㉡ 4 m 20 cm+309 cm
=4 m 20 cm+3 m 9 cm
=7 m 29 cm
㉢ 500 cm+2 m=5 m+2 m=7 m
➡ 7 m 87 cm가 가장 깁니다.
따라서 계산 결과가 가장 긴 것은 ㉠입니다.

17 정연이가 자전거를 탄 거리는 집에서 수영장까지 자전거를 타고 다녀왔으므로 55 m 45 cm를 2번 더합니다.
➡ 55 m 45 cm+55 m 45 cm
=110 m 90 cm

18 3, 4, 5를 한 번씩만 사용하여 가장 긴 길이를 만들면 5 m 43 cm입니다.
5 m 43 cm와 2 m 17 cm의 차는
5 m 43 cm−2 m 17 cm=3 m 26 cm입니다.

19 60 cm+60 cm+60 cm+60 cm+60 cm
=300 cm
➡ 300 cm=3 m

20 ㉠ (집에서 문구점을 지나 학교까지 가는 길)
=54 m 25 cm+30 m 65 cm
=84 m 90 cm
㉡ (집에서 편의점을 지나 학교까지 가는 길)
=58 m 25 cm+22 m 47 cm
=80 m 72 cm
84 m 90 cm>80 m 72 cm이므로 ㉡이 더 짧습니다.
따라서 ㉡이
84 m 90 cm−80 m 72 cm=4 m 18 cm
더 짧습니다.

4 시각과 시간

87쪽

문제를 풀며 이해해요

1 8, 9, 4, 8, 20

2 5, 6, 1, 5, 41

3

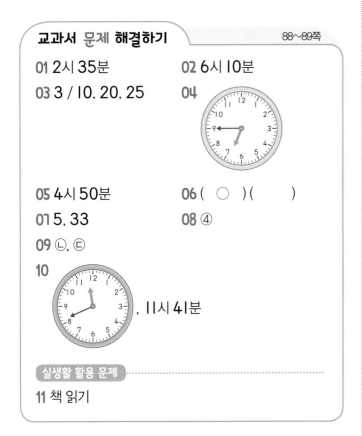

교과서 문제 해결하기

88~89쪽

01 2시 35분

02 6시 10분

03 3 / 10, 20, 25

04

05 4시 50분

06 (○) ( )

07 5, 33

08 ④

09 ㉡, ㉢

10

, 11시 41분

실생활 활용 문제

11 책 읽기

01 짧은바늘이 2와 3 사이를 가리키고, 긴바늘이 7
을 가리키므로 2시 35분입니다.

02 짧은바늘이 6과 7 사이를 가리키고, 긴바늘이 2
를 가리키므로 6시 10분입니다.

03 긴바늘이 가리키는 숫자가 1씩 커지면 긴바늘이
나타내는 시각은 5분씩 커집니다.

04 왼쪽 시계가 나타내는 시각은 6시 45분이므로 긴
바늘이 9를 가리키게 그려야 합니다.

05 짧은바늘은 4와 5 사이를 가리키고, 긴바늘은 10
을 가리키므로 4시 50분입니다.

06 7시 17분은 짧은바늘이 7과 8 사이를 가리키고
긴바늘은 3에서 작은 눈금 2칸만큼 더 간 곳을 가
리킵니다.

07 짧은바늘이 5와 6 사이를 가리키면 5시이고, 긴
바늘이 6을 가리키면 30분입니다.
30분에서 긴바늘이 작은 눈금 3칸만큼 더 간 곳
을 가리키면 3분이 더 지난 시각을 나타내는 것이
므로 시계가 나타내는 시각은 5시 33분입니다.

08 시계의 긴바늘은 45분일 때 9를 가리킵니다.
47분은 긴바늘이 9에서 작은 눈금 2칸만큼 더
간 곳을 가리키므로 긴바늘은 9와 10 사이를 가
리킵니다.

09 ㉠ 3시 4분, ㉡ 4시 3분,
㉢ 4시 3분, ㉣ 3시 4분

10 왼쪽 시계에서 15분이 지나면 긴바늘이 가리키는
숫자는 5보다 3만큼 더 큰 수인 8이 됩니다.
여기서 1분 더 지나면 긴바늘은 8에서 작은 눈금
1칸만큼 더 간 곳을 가리키게 됩니다.
따라서 오른쪽 시계에 11시 41분을 나타냅니다.

11 시계의 짧은바늘은 2와 3 사이를 가리키고, 긴바
늘은 4에서 작은 눈금 3칸만큼 더 간 곳을 가리키
므로 2시 23분입니다.
2시 20분부터 3시까지 책 읽기를 했으므로 2시
23분에 하고 있던 일은 책 읽기입니다.

문제를 풀며 이해해요

91쪽

1 55, 5 / 55, 5

2 50, 10 / 50, 10

3 9, 55 / 10, 5

4 7, 50 / 8, 10

01 5, 4 / 3, 55, 4, 5　　02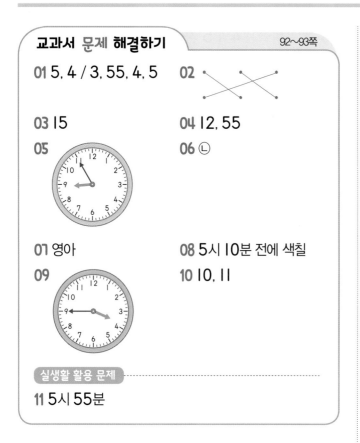

03 15　　　　　　　　04 12, 55

05 　　06 ㉡

07 영아　　　　　　　08 5시 10분 전에 색칠

09 　　10 10, 11

실생활 활용 문제

11 5시 55분

01 3시 55분에서 5분이 더 지나면 4시가 됩니다.
3시 55분은 4시 5분 전이라고도 합니다.

02 2시 50분에서 10분이 더 지나면 3시가 됩니다.
2시 50분=3시 10분 전
4시 50분에서 10분이 더 지나면 5시가 됩니다.
4시 50분=5시 10분 전
6시 50분에서 10분이 더 지나면 7시가 됩니다.
6시 50분=7시 10분 전

03 11시 45분에서 12시가 되려면 15분이 더 지나야
하므로 12시 15분 전이라고도 합니다.

04 1시 5분 전은 1시가 되기 5분 전이므로 12시 55
분입니다.

05 9시 5분 전은 8시 55분과 같습니다.
긴바늘이 11을 가리키게 그립니다.

06 2시 10분 전은 2시가 되기 10분 전이므로 1시
50분입니다.

07 4시 15분 전은 3시 45분이므로 민수와 같은 시
각에 온 사람은 영아입니다.

08 5시 50분은 6시 10분 전입니다.
6시 45분은 7시 15분 전입니다.

09 4시 15분 전은 3시 45분이므로 긴바늘이 9를
가리키게 그립니다.

10 11시 10분 전은 11시가 되기 10분 전이므로 10
시 50분입니다. 10시 50분에 짧은바늘은 10과
11 사이를 가리킵니다.

11 수찬이가 시계를 봤을 때의 시각은 6시입니다.
6시 5분 전은 5시 55분입니다.

문제를 풀며 이해해요　95쪽

1 (1) 60 (2) 60　　　　2 (1) 30, 10 (2) 40

3 (1)

(2) 1, 10

교과서 문제 해결하기　96~97쪽

01 4　　　　　　　02 7
03 1시　　　　　　04 슬찬
05 ㉠
06 (　　)(　　)(　○　)
07 50분

08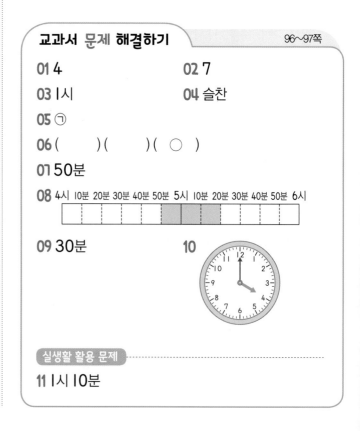

09 30분　　　　　　10

실생활 활용 문제

11 1시 10분

01 60분은 1시간이므로 3시에서 1시간이 지나면 4시가 됩니다.

02 8시의 60분 전은 8시의 1시간 전과 같으므로 7시입니다.

03 오른쪽 시계의 시각은 11시입니다.
11시에서 긴바늘이 2바퀴 돌면 2시간이 지나므로 1시가 됩니다.

04 우진: 110분=60분+50분=1시간 50분
수아: 2시간=60분+60분=120분

05 2시 45분에서 1시간이 지나면 3시 45분이 됩니다.
3시 45분을 나타내는 시계는 ㉠입니다.
㉡ 2시 55분, ㉢ 1시 45분

06 2시부터 4시까지는 2시간입니다.
12시부터 2시까지는 2시간입니다.
10시부터 1시까지는 3시간입니다.

07 시간 띠에서 한 칸은 10분입니다.
시간 띠에 색칠된 부분은 5칸이므로 50분입니다.

08 줄넘기를 시작한 시각은 4시 50분이고, 끝낸 시각은 5시 20분입니다.
4시 50분부터 5시 20분까지 시간 띠에 색칠합니다.

09 시간 띠의 한 칸은 10분입니다.
시간 띠에 색칠한 부분이 3칸이므로 채하가 줄넘기를 한 시간은 30분입니다.

10 오른쪽 시계는 6시 10분입니다.
2시간 10분이 지나서 6시 10분이 되었으므로 6시 10분의 2시간 10분 전은 몇 시 몇 분일지 생각해 왼쪽 시계에 나타냅니다.
6시 10분의 10분 전은 6시이고, 6시의 2시간 전은 4시입니다.

11 12시 20분에서 40분이 지나면 1시입니다.
50분=40분+10분
1시에서 10분이 더 지나면 1시 10분이므로 점심시간이 끝나는 시각은 1시 10분입니다.

문제를 풀며 이해해요   99쪽

1 (1) 9, 3 (2) 24 (3) 9
2 (1) 수 (2) 4 (3) 23

교과서 문제 해결하기   100~101쪽

01 ⑤
02
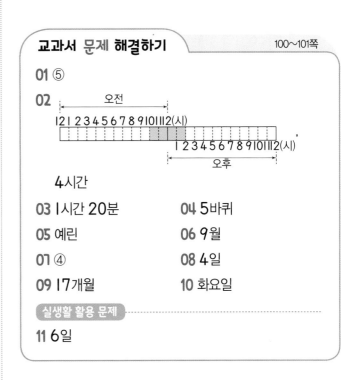
4시간

03 1시간 20분   **04** 5바퀴
05 예린   **06** 9월
07 ④   **08** 4일
09 17개월   **10** 화요일

실생활 활용 문제

11 6일

01 ①, ②, ③, ④에 들어갈 수는 12입니다.
⑤에 들어갈 수는 24입니다.

02 오전 10시부터 오후 2시까지 시간 띠에 색칠하면 4칸을 색칠하게 됩니다.
시간 띠의 한 칸은 1시간을 나타내므로 박물관에 있었던 시간은 4시간입니다.

03 오전 11시 40분 $\xrightarrow{\text{1시간}}$ 오후 12시 40분 $\xrightarrow{\text{20분}}$ 오후 1시
따라서 기차를 탄 시간은 1시간 20분입니다.

04 오전 **7**시부터 낮 **12**시가 될 때까지의 시간은 **5**시간입니다.
긴바늘은 **5**시간 동안 **5**바퀴 돕니다.

05 미란: 오전 **9**시 **30**분에서 **4**시간이 지나면 오후 **1**시 **30**분이 됩니다.
수민: 오후 **11**시에서 **3**시간이 지나면 오전 **2**시가 됩니다.
예린: 오전 **11**시 **40**분에서 긴바늘이 시계를 **2**바퀴 돌면 **2**시간이 지나게 되므로 오후 **1**시 **40**분이 됩니다.

06 **7**월은 **31**일, **8**월은 **31**일, **9**월은 **30**일입니다.

07 ④ **1**월 **28**일은 월요일입니다.

08 **1**월 중 일요일은 **6**일, **13**일, **20**일, **27**일이므로 **4**일입니다.
따라서 지수가 **1**월에 도서관에 간 날은 모두 **4**일입니다.

09 **1**년=**12**개월
1년 **5**개월=**12**개월+**5**개월
＝**17**개월

10 달력에서 토요일인 **7**일 아래로 **14**일, **21**일, **28**일이 있습니다.
8월 **28**일은 토요일이고, **28**일에서 **3**일 후는 **31**일이므로 **8**월 **31**일은 화요일입니다.

11 **11**월의 마지막 날은 **30**일입니다.
전시회가 열리는 날은 **11**월 **30**일, **12**월 **1**일, **2**일, **3**일, **4**일, **5**일입니다.
따라서 전시회는 **6**일 동안 열립니다.

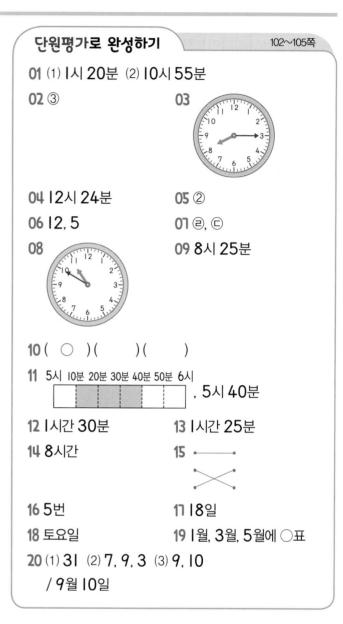

01 (1) **1**시 **20**분 (2) **10**시 **55**분
02 ③
03
04 **12**시 **24**분
05 ②
06 **12, 5**
07 ㉣, ㉢
08
09 **8**시 **25**분
10 (○) ( ) ( )
11 5시 10분 20분 30분 40분 50분 6시 , **5**시 **40**분
12 **1**시간 **30**분
13 **1**시간 **25**분
14 **8**시간
15
16 **5**번
17 **18**일
18 토요일
19 **1**월, **3**월, **5**월에 ○표
20 (1) **31** (2) **7, 9, 3** (3) **9, 10**
/ **9**월 **10**일

01 (1) 짧은바늘이 **1**과 **2** 사이를 가리키고, 긴바늘이 **4**를 가리키므로 **1**시 **20**분입니다.
(2) 짧은바늘이 **10**과 **11** 사이를 가리키고, 긴바늘이 **11**을 가리키므로 **10**시 **55**분입니다.

02 **3**시 **25**분일 때 시계의 긴바늘이 가리키는 숫자는 **5**입니다.

03 디지털시계가 나타내는 시각은 **8**시 **15**분이므로 긴바늘이 **3**을 가리키게 그립니다.

04 짧은바늘이 **12**와 **1** 사이를 가리키고, 긴바늘이 **4**에서 작은 눈금 **4**칸만큼 더 간 곳을 가리키므로 **12**시 **24**분입니다.

05 짧은바늘이 **1**과 **2** 사이를 가리키고, 긴바늘이 **7** 에서 작은 눈금 **3**칸만큼 더 간 곳을 가리키므로 **1** 시 **38**분입니다.

06 **11**시 **55**분에서 **12**시가 되려면 **5**분이 더 지나야 하므로 **12**시 **5**분 전이라고도 합니다.

07 **9**시 **15**분 전은 **9**시가 되기 **15**분 전이므로
ㄹ **8**시 **45**분입니다.
9시 **10**분 전은 **9**시가 되기 **10**분 전이므로
ㄷ **8**시 **50**분입니다.

08 **11**시 **10**분 전은 **10**시 **50**분이므로 긴바늘이 **10** 을 가리키게 그려야 합니다.

09 시계가 나타내는 시각은 **7**시 **25**분인데 정확한 시 각보다 **1**시간 늦은 것입니다.
정확한 시각은 **7**시 **25**분에서 **1**시간이 지난 **8**시 **25**분입니다.

10 **2**시간=**120**분
120분보다 짧은 시간은 **115**분입니다.

11 **5**시 **10**분부터 **30**분 동안 피아노 연습을 했으므 로 시간 띠에 **3**칸을 색칠합니다.
피아노 연습을 끝낸 시각은 **5**시 **40**분입니다.

12 시간 띠에 색칠된 칸은 **9**칸이므로 **90**분입니다.
➡ **90**분=**1**시간 **30**분

13 **4**시 **45**분 $\xrightarrow{\text{1시간}}$ **5**시 **45**분 $\xrightarrow{\text{25분}}$ **6**시 **10**분
따라서 호준이가 영어 공부를 한 시간은 **1**시간 **25** 분입니다.

14 오전 **10**시부터 낮 **12**시까지 **2**시간, 낮 **12**시부터 오후 **6**시까지 **6**시간입니다.
따라서 과자점은 **8**시간 동안 문을 엽니다.

15 **1**주일 **3**일=**7**일+**3**일=**10**일
2주일=**7**일+**7**일=**14**일
1주일 **5**일=**7**일+**5**일=**12**일

16 월요일은 **2**일, **9**일, **16**일, **23**일, **30**일이므로 **5** 번 있습니다.

17 **6**월의 첫째 수요일은 **4**일이고 **2**주일 후는 셋째 수요일이 됩니다.
따라서 **18**일입니다.

18 **6**월 **21**일부터 **3**주일 전은 **6**월 **21**일과 요일이 같 으므로 토요일입니다.

19 **7**월의 날수는 **31**일입니다.
날수가 **31**일인 월을 찾으면 **1**월, **3**월, **5**월입니다.

20 (1) **8**월은 **31**일까지 있으므로 **8**월의 마지막 날은 **31**일입니다.
(2) **8**월 **27**일부터 **28**일, **29**일, **30**일, **31**일, **9** 월 **1**일, **2**일, **3**일과 같이 세어 보면 **8**월 **27** 일부터 **1**주일 후는 **9**월 **3**일입니다.
(3) **9**월 **3**일부터 **1**주일 후는 **3**일에 **7**일을 더한 **9**월 **10**일입니다.
따라서 **8**월 **27**일부터 **2**주일 후는 **9**월 **10**일 입니다.

채점 기준	
상	**8**월의 마지막 날이 며칠인지 알고, **8**월 **27**일부 터 **2**주일 후는 몇 월 며칠인지 구했습니다.
중	**8**월의 마지막 날이 며칠인지 알고 있지만 **8**월 **27**일부터 **2**주일 후는 몇 월 며칠인지 구하지 못 했습니다.
하	**8**월의 마지막 날이 며칠인지 알지 못했습니다.

문제를 풀며 이해해요
109쪽

1 포도

2 20명

3

포도	사과	귤	망고
태리, 지유, 승연, 송현, 민영, 현지	예나, 유진, 태완, 강준, 규진, 지우, 성학, 재민	단하, 예준, 세림, 은경	재희, 사랑

4

과일	포도	사과	귤	망고	합계
학생 수 (명)	6	8	4	2	20

교과서 문제 해결하기
110~111쪽

01 장미

02 3명

03

꽃	장미	튤립	무궁화	카네이션	합계
학생 수 (명)	6	5	3	2	16

04 16명

05 5가지

06

곤충	나비	무당벌레	잠자리	메뚜기	개미	합계
학생 수 (명)	7	5	4	3	1	20

07 20명

08 학생 수, 학생 수

09

조각	▲	■	○	♡	합계
조각 수 (개)	3	2	8	6	19

10 ㉢, ㉣, ㉠, ㉡

실생활 활용 문제

11 21마리

---

02 무궁화를 좋아하는 학생은 나예, 예진, 동하로 3명입니다.

03 장미를 좋아하는 학생은 승우, 윤재, 다은, 지율, 승희, 나연으로 6명입니다.
튤립을 좋아하는 학생은 하민, 한결, 시현, 재영, 승아로 5명입니다.
무궁화를 좋아하는 학생은 나예, 예진, 동하로 3명입니다.
카네이션을 좋아하는 학생은 시우, 현우로 2명입니다.
(합계)=6+5+3+2=16(명)

04 승우네 반 학생 수는 표의 합계와 같으므로 16명입니다.

05 선지네 반 학생들이 좋아하는 곤충의 종류는 나비, 무당벌레, 잠자리, 메뚜기, 개미로 5가지입니다.

06 나비는 7명, 무당벌레는 5명, 잠자리는 4명, 메뚜기는 3명, 개미는 1명입니다.
(합계)=7+5+4+3+1=20(명)

07 선지네 반 학생 수는 표의 합계와 같으므로 20명입니다.

08 자료를 보고 표로 나타내면 좋아하는 곤충별 학생 수를 알아보기 편리하고, 전체 학생 수를 쉽게 알 수 있습니다.

09 ▲ 조각은 3개, ■ 조각은 2개, ○ 조각은 8개, ♡ 조각은 6개입니다.
(합계)=3+2+8+6=19(개)

10 • 자료를 조사하여 표로 나타내는 방법
① 무엇을 조사할지 정합니다.
② 조사할 방법을 정합니다.
③ 자료를 조사합니다.
④ 조사한 자료를 표로 나타냅니다.

11 5+3+6+7=21(마리)

문제를 풀며 이해해요 113쪽

1 6, 6   2 3, 3
3 4, 4   4 5, 5

5

볼펜 수(자루)／색깔	검은색	빨간색	파란색	초록색
6	○			
5	○			○
4	○		○	○
3	○	○	○	○
2	○	○	○	○
1	○	○	○	○

교과서 문제 해결하기 114~115쪽

01 학생 수   02 4칸

03

학생 수(명)／색깔	초록색	보라색	파란색	노란색
6		○		
5		○	○	
4		○	○	○
3		○	○	○
2	○	○	○	○
1	○	○	○	○

04 보라색   05 ①, ⑤
06 ⑩ 지연이네 반 학생들이 받고 싶은 학용품별 학생 수
07 5개

08

농구	×	×							
배구	×	×	×	×					
야구	×	×	×	×	×				
축구	×	×	×	×	×	×	×	×	×
운동／학생 수(명)	1	2	3	4	5	6	7	8	9

09 농구   10 그래프

실생활 활용 문제

11 컵타 공연

01 가로에 색깔을 나타내면 세로에는 학생 수를 나타내야 합니다.

02 노란색을 좋아하는 학생은 4명이므로 4칸까지 나타내야 합니다.

03 표를 보고 좋아하는 색깔별 학생 수만큼 ○를 한 칸에 하나씩, 아래에서 위로 빈칸 없이 채워서 나타냅니다.

04 ○의 수가 가장 많은 색깔은 보라색입니다. 따라서 가장 많은 학생들이 좋아하는 색깔은 보라색입니다.

05 그래프로 나타낼 때에는 ○를 맨 아래에서 위로 빈칸 없이 채워서 나타내야 합니다.

06 무엇을 조사하여 나타낸 그래프인지 그래프의 제목을 씁니다.

07 야구를 좋아하는 학생은 5명이므로 ×를 5개 그려야 합니다.

08 표를 보고 좋아하는 운동별 학생 수만큼 ×를 한 칸에 하나씩, 왼쪽에서 오른쪽으로 빈칸 없이 채워서 나타냅니다.

09 가장 적은 학생들이 좋아하는 운동은 그래프에서 ×의 수가 가장 적은 농구입니다.

10 표는 좋아하는 운동별 학생 수를 한눈에 알 수 있고, 그래프는 가장 많은 학생들이 좋아하는 운동과 가장 적은 학생들이 좋아하는 운동을 한눈에 알아보기 편리합니다.

11 호린이네 반 학생들이 학급 장기 자랑으로 가장 하고 싶어 하는 활동은 그래프에서 ○의 수가 가장 많은 컵타 공연입니다.

문제를 풀며 이해해요 117쪽

1 27   2 6
3 5   4 4
5 태권도   6 배드민턴

교과서 문제 해결하기 (118~119쪽)

01 17명 **02** 4가지

03

6		/		
5	/	/		
4	/	/	/	
3	/	/	/	
2	/	/	/	/
1	/	/	/	/
학생 수(명) / 장소	영화관	놀이공원	박물관	과학관

04 놀이공원 **05** 박물관, 과학관

06 ㉠ **01** 3명

08

칼림바	×	×	×						
우쿨렐레	×	×	×	×					
바이올린	×	×	×	×	×	×			
플루트	×	×	×	×	×	×	×		
피아노	×	×	×	×	×	×	×	×	×
악기 / 학생 수(명)	1	2	3	4	5	6	7	8	9

09 표 **10** 그래프

실생활 활용 문제

11 파란색

01 가고 싶은 장소별 학생 수를 모두 더합니다.
➡ 5+6+4+2=17(명)

02 학생들이 가고 싶은 장소는 영화관, 놀이공원, 박물관, 과학관으로 4가지입니다.

03 가고 싶은 장소별 학생 수만큼 /를 한 칸에 하나씩, 아래에서 위로 빈칸 없이 채워서 나타냅니다.

04 가장 많은 학생들이 주말에 가고 싶은 장소는 03의 그래프에서 /의 수가 6개로 가장 많은 놀이공원입니다.

05 03의 그래프에서 /의 수가 5개보다 적은 장소는 박물관, 과학관입니다.

06 ㉠ 그래프에서는 지훈이가 주말에 가고 싶은 장소를 알 수 없습니다.

07 피아노를 배우고 싶은 학생은 9명입니다.
바이올린을 배우고 싶은 학생은
30−9−8−4−3=6(명)입니다.
따라서 피아노를 배우고 싶은 학생 수와 바이올린을 배우고 싶은 학생 수의 차는 9−6=3(명)입니다.

08 배우고 싶은 악기별 학생 수만큼 ×를 한 칸에 하나씩, 왼쪽에서 오른쪽으로 빈칸 없이 채워서 나타냅니다.

11 소빈이네 반에서 정할 티셔츠 색깔은 가장 많은 친구들이 좋아하는 파란색입니다.

단원평가로 완성하기 (120~123쪽)

01 맑음

02

날씨	맑음	흐림	비	눈	합계
날수(일)	10	9	7	5	31

03 ㉤ **04** 3명

05 ⃟예 7칸 **06** 제기차기

01 윤호, 도은, 태곤, 재훈

08

전통 놀이	투호 놀이	공기 놀이	비사 치기	제기 차기	합계
학생 수 (명)	4	7	6	3	20

7		○		
6		○	○	
5		○	○	
4	○	○	○	
3	○	○	○	○
2	○	○	○	○
1	○	○	○	○
학생 수(명) / 전통 놀이	투호 놀이	공기 놀이	비사 치기	제기 차기

09 학생 수, 빵 **10** ④

11

종류	과학책	동화책	수학책	위인전	합계
책 수(권)	7	10	6	9	32

12 동화책, 위인전, 과학책, 수학책

13

이름	서윤	진우	영재	합계
횟수(번)	2	3	4	9

14

5	/		
4	/	/	
3	/	/	/
2	/	/	/
1	/	/	/
횟수(번) \ 이름	서윤	진우	영재

15 (1) 2, 5, 적습니다 (2) 3, 4, 적습니다
(3) 4, 3, 많습니다 (4) 영재
/ 영재

16

7			×	
6		×	×	
5		×	×	
4		×	×	×
3	×	×	×	×
2	×	×	×	×
1	×	×	×	×
모자 수(개) \ 색깔	빨강	노랑	파랑	초록

17 노랑, 파랑 **18** 4개

19 5권 **20** 15권

01 1월 19일의 날씨는 ☀이므로 맑음입니다.

03 ㉤ 표의 합계는 그래프에 나타내지 않습니다.

04 오리를 좋아하는 학생은
$21-2-4-7-5=3$(명)입니다.

05 가장 많은 학생들이 좋아하는 동물이 7명인 양이므로 세로를 7칸으로 나눕니다.

06 선우가 하고 싶은 전통 놀이는 제기차기입니다.

07 자료에서 투호놀이를 좋아하는 학생들을 찾아보면 윤호, 도은, 태곤, 재훈입니다.

09 그래프의 가로에는 학생 수를 나타냈고, 세로에는 빵을 나타냈습니다.

10 ④ 두 번째로 적은 학생들이 좋아하는 빵은 ○의 수가 두 번째로 적은 식빵입니다.

11 그래프에서 책의 종류별 /의 수를 세어 보면 과학책은 7권, 동화책은 10권, 수학책은 6권, 위인전은 9권입니다.
(합계)$=7+10+6+9=32$(권)

12 그래프에서 /의 수가 많은 것부터 순서대로 쓰면 동화책, 위인전, 과학책, 수학책입니다.

13 가위바위보를 하여 이기면 ○로 나타냈으므로 친구별로 ○의 수를 세어 표에 나타냅니다.
서윤이는 2번, 진우는 3번, 영재는 4번 이겼습니다.

14 가위바위보를 하여 지면 ×로 나타냈으므로 친구별로 ×의 수만큼 그래프에 /를 그립니다.
서윤이는 5번, 진우는 4번, 영재는 3번 졌습니다.

15 (1) 표에서 서윤이의 이긴 횟수가 2번, 그래프에서 서윤이의 진 횟수가 5번이므로 이긴 횟수가 진 횟수보다 적습니다.
(2) 표에서 진우의 이긴 횟수가 3번, 그래프에서 진우의 진 횟수가 4번이므로 이긴 횟수가 진 횟수보다 적습니다.
(3) 표에서 영재의 이긴 횟수가 4번, 그래프에서 영재의 진 횟수가 3번이므로 이긴 횟수가 진 횟수보다 많습니다.

채점 기준

상	표와 그래프를 보고 친구별로 이긴 횟수와 진 횟수를 각각 구하여 이긴 횟수가 진 횟수보다 많은 친구를 구했습니다.
중	표와 그래프를 보고 친구별로 이긴 횟수와 진 횟수를 각각 구하였으나 이긴 횟수가 진 횟수보다 많은 친구를 구하지 못했습니다.
하	표와 그래프를 보고 친구별로 이긴 횟수와 진 횟수를 각각 구하지 못했습니다.

16 색깔별 모자 수만큼 ×를 한 칸에 하나씩, 아래에서 위로 빈칸 없이 채워서 나타냅니다.

17 **16**의 그래프에서 ×의 수가 **5**개보다 많은 색깔은 노랑, 파랑입니다.

18 가장 많은 모자의 색깔은 파랑이고, 모자 수는 **7**개입니다.

가장 적은 모자의 색깔은 빨강이고, 모자 수는 **3**개입니다.

따라서 가장 많은 색깔의 모자 수와 가장 적은 색깔의 모자 수의 차는 $7-3=4$(개)입니다.

19 세로의 칸수가 **5**씩 커지므로 세로의 한 칸은 책 **5**권을 나타냅니다.

20 서연이와 예준이가 읽은 책은 $25+20=45$(권)입니다.

서연이네 모둠 친구들이 방학 동안 읽은 책이 **75**권이므로 다은이와 수호가 읽은 책은

$75-45=30$(권)입니다.

다은이와 수호가 읽은 책 수가 같으므로

$30=15+15$에서 다은이가 읽은 책은 **15**권입니다.

6 규칙 찾기

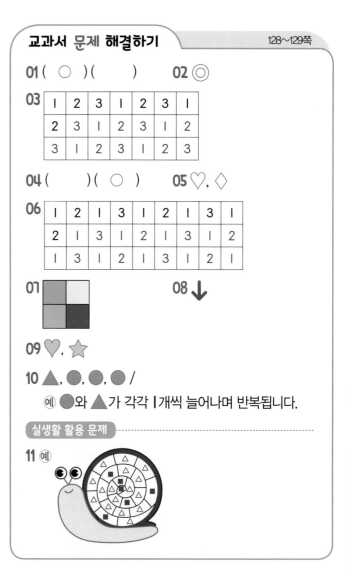

문제를 풀며 이해해요 　　　　127쪽

1 □ 　　　　**2** ★

3 (토마토)에 ○표 　　　　**4**

교과서 문제 해결하기 　　　　128~129쪽

01 (○) (　　) 　　**02** ◎

03

I	2	3	I	2	3	I
2	3	I	2	3	I	2
3	I	2	3	I	2	3

04 (　　) (○) 　　**05** ♡, ◇

06

I	2	I	3	I	2	I	3	I
2	I	3	I	2	I	3	I	2
I	3	I	2	I	3	I	2	I

07 　　　　**08** ↓

09 ♡, ★

10 ▲, ●, ●, ● /
ⓔ ●와 ▲가 각각 I개씩 늘어나며 반복됩니다.

실생활 활용 문제

11 ⓔ

01 ○, ●, ◎가 반복되는 규칙입니다.

02 빈칸에는 ● 다음에 오는 ◎를 그립니다.

04 ♡, ◆, ♡, ◇가 반복되는 규칙입니다.

05 빈칸에는 ◆ 다음에 오는 ♡, ◇를 그립니다.

07 이 시계 방향으로 돌아가는 규칙입니다.

08 모양은 ↑, →, ↓가 반복되는 규칙입니다.
색깔은 파란색, 빨간색이 반복되는 규칙입니다.
따라서 빈칸에 알맞은 모양은 ↓입니다.

09 모양은 ★, ♥가 반복되는 규칙입니다. 색깔은
하늘색, 분홍색, 연두색이 반복되는 규칙입니다.
따라서 빈칸에 알맞은 모양은 ♡, ☆입니다.

10 ●가 1개, ▲가 1개, ●가 2개, ▲가 2개, ●가
3개, ▲가 3개, ... 입니다.

11 두 가지 모양이 반복되고, 한 가지 모양이 1개씩
늘어나는 규칙으로 모양을 그려 넣습니다.

문제를 풀며 이해해요 131쪽

1 1		**2** 3	
3 5		**4** 7	
5 2		**6** 9	

교과서 문제 해결하기 132~133쪽

01 4 　　　　　　**02** 9

03 16 　　　　　　**04** 25

05 예 쌓기나무의 수가 왼쪽에서 오른쪽으로 1개, 2개
씩 반복됩니다.

06 예 쌓기나무의 수가 왼쪽에서 오른쪽으로 1개, 2개,
1개씩 반복됩니다.

07 예 쌓기나무 왼쪽, 오른쪽, 앞에 쌓기나무가 각각 1
개씩 늘어납니다.

08 13개 　　　　　　**09** 10개

10 20개

실생활 활용 문제

11 예 쌓기나무의 수가 왼쪽에서 오른쪽으로 1개, 2개,
2개씩 반복됩니다.

---

01 쌓기나무를 2층으로 쌓은 모양에서 쌓기나무는
$1+3=4$(개)입니다.

02 쌓기나무를 3층으로 쌓은 모양에서 쌓기나무는
$4+5=9$(개)입니다.

03 쌓기나무를 4층으로 쌓으려면 쌓기나무는
$9+7=16$(개) 필요합니다.

04 쌓기나무를 5층으로 쌓으려면 쌓기나무는
$16+9=25$(개) 필요합니다.

08 다섯째에 올 모양을 쌓는 데 필요한 쌓기나무는
$10+3=13$(개)입니다.

09 쌓기나무를 4층으로 쌓으려면 쌓기나무는
$1+2+3+4=10$(개) 필요합니다.

10 쌓기나무를 5층으로 쌓으려면 쌓기나무는
$4+4+4+4+4=20$(개) 필요합니다.

11 선우가 쌓기나무를 쌓은 규칙은 1층, 2층, 2층이
반복되는 규칙입니다.

문제를 풀며 이해해요 135쪽

1 1 　　　　　　　　**2** 1

3 2

4

+	0	1	2	3	4	5	6	7	8	9
0	0	1	2	3	4	5	6	7	8	9
1	1	2	3	4	5	6	7	8	9	10
2	2	3	4	5	6	7	8	9	10	11
3	3	4	5	6	7	8	9	10	11	12
4	4	5	6	7	8	9	10	11	12	13
5	5	6	7	8	9	10	11	12	13	14
6	6	7	8	9	10	11	12	13	14	15
7	7	8	9	10	11	12	13	14	15	16
8	8	9	10	11	12	13	14	15	16	17
9	9	10	11	12	13	14	15	16	17	18

136~137쪽

교과서 문제 해결하기

01 1
02 1
03 2

04
+	1	3	5	7	9
1	2	4	6	8	10
3	4	6	8	10	12
5	6	8	10	12	14
7	8	10	12	14	16
9	10	12	14	16	18

05 2
06 2
07 4, 커집니다에 ○표
08 2씩
09 14, 13
10 1, 작아집니다에 ○표

실생활 활용 문제

11
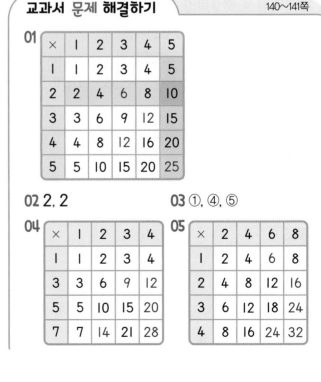

01 0, 1, 2, 3, 4는 1씩 커지는 규칙입니다.

02 1, 2, 3, 4, 5는 1씩 커지는 규칙입니다.

03 1, 3, 5, 7은 2씩 커지는 규칙입니다.

04 세로 칸에 있는 수와 가로 칸에 있는 수가 만나는 곳에 두 수의 합을 씁니다.

05 10, 8, 6, 4, 2는 2씩 작아지는 규칙입니다.

06 2, 4, 6, 8, 10은 2씩 커지는 규칙입니다.

07 4, 8, 12, 16은 4씩 커지는 규칙입니다.

08 3, 5, 7, 9, 11은 2씩 커지는 규칙입니다.

09 ㉠=4+10=14
   ㉡=5+8=13

10 11, 10, 9, 8, 7은 1씩 작아지는 규칙입니다.

11 사물함은 한 줄에 6개씩 있습니다.
지우의 사물함인 23번은 23=6+6+6+5 이므로 위에서 넷째 줄의 왼쪽부터 다섯째 사물함 입니다.

139쪽

문제를 풀며 이해해요

1 7
2 3
3 같은에 ○표

4
×	1	2	3	4	5	6	7	8	9
1	1	2	3	4	5	6	7	8	9
2	2	4	6	8	10	12	14	16	18
3	3	6	9	12	15	18	21	24	27
4	4	8	12	16	20	24	28	32	36
5	5	10	15	20	25	30	35	40	45
6	6	12	18	24	30	36	42	48	54
7	7	14	21	28	35	42	49	56	63
8	8	16	24	32	40	48	56	64	72
9	9	18	27	36	45	54	63	72	81

140~141쪽

교과서 문제 해결하기

01
×	1	2	3	4	5
1	1	2	3	4	5
2	2	4	6	8	10
3	3	6	9	12	15
4	4	8	12	16	20
5	5	10	15	20	25

02 2, 2
03 ①, ④, ⑤

04
×	1	2	3	4
1	1	2	3	4
3	3	6	9	12
5	5	10	15	20
7	7	14	21	28

05
×	2	4	6	8
1	2	4	6	8
2	4	8	12	16
3	6	12	18	24
4	8	16	24	32

06 짝수에 ○표 **07** ㉢

08 예 같은 두 수의 곱입니다.

09

10	15	20	25
12	18	24	30
14	21	28	35
16	24	32	40

10

36	42	48	54
42	49	56	63
48	56	64	72
54	63	72	81

실생활 활용 문제

11

×	2	4	6	8
2	4	8	12	16
4	8	16	24	32
6	12	24	36	48
8	16	32	48	64

, 예 12씩 커집니다.

02 2, 4, 6, 8, 10은 2씩 커지는 2단 곱셈구구입니다.

03 5, 10, 15, 20, 25는 5씩 커지는 5단 곱셈구구입니다.
그리고 일의 자리는 5와 0이 반복됩니다.

04 세로 칸에 있는 수와 가로 칸에 있는 수가 만나는 곳에 두 수의 곱을 씁니다.

01 곱셈표에서 ♥에 알맞은 수는 7×5=35입니다.
㉠ 3×7=21, ㉡ 3×9=27,
㉢ 5×7=35, ㉣ 5×9=45
따라서 ♥에 알맞은 수와 같은 수가 들어가는 곳은 ㉢입니다.

08 1×1=1, 3×3=9, 5×5=25,
7×7=49, 9×9=81

09

×	2	3	4	5
5	10	15	20	25
6	12	18	24	30
7	14	21	28	35
8	16	24	32	40

10

×	6	7	8	9
6	36	42	48	54
7	42	49	56	63
8	48	56	64	72
9	54	63	72	81

11 12, 24, 36, 48은 12씩 커지는 규칙입니다.

문제를 풀며 이해해요 143쪽

1	23, 30	2	20, 27
3	1	4	7
5	6	6	8

교과서 문제 해결하기 144~145쪽

01 22, 29 **02** 18, 25

03 7 **04** 19

05 노란색

06 예 시계가 3시간씩 지납니다.

07

08 29번

09 예 20분 간격으로 출발합니다.

10 11시

실생활 활용 문제

11 ㉡

01 일요일인 날짜는 1일부터 7씩 커집니다.

02 수요일인 날짜는 4일부터 7씩 커집니다.

03 같은 요일은 7일마다 반복됩니다.

04 첫째 목요일이 5일이고
둘째 목요일은 5+7=12(일),
셋째 목요일은 12+7=19(일)입니다.

05 초록색, 노란색, 빨간색의 순서로 신호등 색깔이 켜지는 규칙이므로 초록색 다음에 켜질 신호등의 색깔은 노란색입니다.

06 시계의 짧은바늘이 숫자 **3**칸만큼 움직이므로 시계는 **3**시간씩 지나는 규칙입니다.

07 **3**시에서 **3**시간이 지나면 **6**시입니다.

08 한 줄에 의자가 **8**개씩 있으므로 ★ 자리는 **13**+**8**+**8**=**29**(번)입니다.

09 **9**시, **9**시 **20**분. **9**시 **40**분, **10**시, ...로 **20**분 간격으로 출발합니다.

10 **6**회 버스는 **10**시 **40**분, **7**회 버스는 **11**시에 출발합니다.

11 ㉡ ╱ 방향으로 가면 **6**층씩 차이가 납니다.

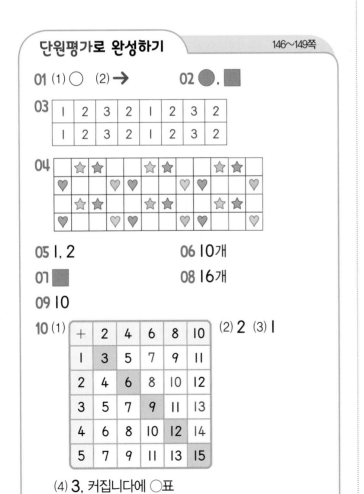

단원평가로 완성하기   146~149쪽

01 (1) ○   (2) →   **02** ●, ■

03

1	2	3	2	1	2	3	2
1	2	3	2	1	2	3	2

04

	☆	★			☆	★			☆	★
♥			♥	♥			♥	♥		
	☆	★			☆	★			☆	★
♥			♥	♥			♥	♥		

05 1, 2   **06** 10개

07 ■   **08** 16개

09 10

10 (1)

+	2	4	6	8	10
1	3	5	7	9	11
2	4	6	8	10	12
3	5	7	9	11	13
4	6	8	10	12	14
5	7	9	11	13	15

(2) **2** (3) **1**

(4) **3**, 커집니다에 ○표

---

11 ③

12 (1)

×	1	3	5	7	9
1	1	3	5	7	9
3	3	9	15	21	27
5	5	15	25	35	45
7	7	21	35	49	63
9	9	27	45	63	81

(2)

×	1	3	5	7	9
1	1	3	5	7	9
3	3	9	15	21	27
5	5	15	25	35	45
7	7	21	35	49	63
9	9	27	45	63	81

13

9	10	11
		12
12	13	14
13	14	
13	14	

14 (화살표 방향으로) **32, 40, 56, 72**

15

	24	28	
	30	35	40
		42	48
35	42	49	

16 19, 26

17 24일   **18** 23, 16

19 ㉢

20 (1) 15 (2)

---

01 (1) ☆, △, ○이 반복되는 규칙입니다.

　　(2) 모양은 ↑, →, →이 반복되는 규칙입니다.
　　　색깔은 빨간색, 파란색이 반복되는 규칙입니다.

02 ▲, ■, ●, ■이 반복되는 규칙입니다.

04 반복되는 모양과 반복되는 색깔의 규칙을 각각 알아봅니다.

06 쌓기나무가 3개씩 늘어나는 규칙입니다.
따라서 다음에 이어질 모양에 쌓을 쌓기나무는
$7+3=10$(개)입니다.

01 ●, ▲, ■, ■이 반복되는 규칙입니다.
$4+4+4+4+3=19$이므로 19째에 놓이는
모양은 3째에 놓이는 모양과 같습니다.

08 쌓기나무가 아래로 내려갈수록 2개씩 많아지는 규칙입니다.
따라서 4층까지 쌓으려면 쌓기나무는 모두
$1+3+5+7=16$(개) 필요합니다.

09 수의 규칙을 찾아보면 $1+2=3$, $3+1=4$,
$4+2=6$, $6+1=7$, $7+2=9$로 왼쪽 수에
2와 1을 번갈아 더하면 오른쪽 수가 되는 규칙입니다.
$9+1=10$이므로 빈칸에 알맞은 수는 10입니다.

10 (2) 3, 5, 7, 9, 11은 2씩 커지는 규칙입니다.
(3) 3, 4, 5, 6, 7은 1씩 커지는 규칙입니다.
(4) 3, 6, 9, 12, 15는 3씩 커지는 규칙입니다.

11 ① $1\times2=2$, ② $1\times8=8$,
③ $3\times6=18$, ④ $5\times4=20$,
⑤ $7\times8=56$

12 (2) 6씩 커지는 수를 찾아 색칠합니다.

13

+	5	6	7	8
4	9	10	11	
5		12		
6		12	13	14
7			13	14
8	13	14		

14 8단 곱셈구구입니다.

15

×	5	6	7	8
4		24	28	
5		30	35	40
6			42	48
7	35	42	49	

16 화요일인 날짜는 5일부터 7씩 커집니다.

17 첫째 일요일이 3일이고 7일마다 같은 요일이 반복되므로 둘째 일요일은 10일, 셋째 일요일은 17일, 넷째 일요일은 24일입니다.

18 $15+23=38$, $16+22=38$이므로 두 수의 합이 같은 것끼리 짝 지어 보면
$15+23=16+22$입니다.

19 ㉢ ↘ 방향으로 가면 5층, 9층, 13층, 17층, 21층이므로 4층씩 차이가 납니다.

20 (1) 시계가 가리키는 시각은 3시, 3시 15분, 3시 30분, 3시 45분으로 15분씩 지나는 규칙입니다.
(2) 마지막 시계가 가리키는 시각은 3시 45분에서 15분이 지난 4시입니다.

채점 기준

상	규칙을 찾아 쓰고, 마지막 시계에 짧은바늘과 긴바늘을 그렸습니다.
중	규칙을 찾아 썼으나 마지막 시계에 짧은바늘과 긴바늘을 그리지 못했습니다.
하	규칙을 찾아 쓰지 못했습니다.

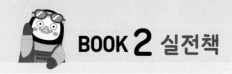

BOOK **2** 실전책

1단원 핵심+문제 복습 ▶▶▶   4~5쪽

01 100, 10   **02** 2, 1, 8, 7 / 2187
03 (○) (   )   **04** 4006
05 ⓒ   **06** 4829, 5029, 5129
07 6561   **08** >
09 <   **10** 4789에 ○표

03 7080을 읽으면 칠천팔십입니다.

04 1000이 4개, 1이 6개인 수는 4006입니다.

05 숫자 4가 400을 나타내는 수는 백의 자리 숫자가 4인 수입니다.

07 2561 – 3561 – 4561 – 5561 – 6561
2561에서 1000씩 4번 뛰어 세면 천의 자리 숫자가 4만큼 커진 6561이 됩니다.

학교 시험 만점왕 1회   1. 네 자리 수
                                   6~7쪽

01 4, 4000, 사천   **02** (1) 칠천 (2) 9000
03 2장   **04** 1586, 천오백팔십육
05 2724   **06** ④
07 ⓒ   **08** (1) 7341 (2) 8056
09 10
10

| 6328 | ➡ | 7328 | ➡ | 7428 |

⬇

| 6428 | ➡ | 7428 | ➡ | 7528 |

11 풀이 참조, 8419   **12** 재형
13 풀이 참조, 5개   **14** 하영
15 2506, 2507, 2508

01 1000이 4개이면 4000이라 쓰고 사천이라고 읽습니다.

02 (1) 7000은 칠천이라고 읽습니다.
(2) 구천을 수로 쓰면 9000입니다.

03 5000원이 되려면 1000원짜리 지폐가 5장 있어야 합니다.

04 1000이 1개, 100이 5개, 10이 8개, 1이 6개인 수는 1586입니다.
1586은 천오백팔십육이라고 읽습니다.

05 수 모형이 나타내는 수보다 400만큼 더 큰 수는 1000이 2개, 100이 7개, 10이 2개, 1이 4개인 2724입니다.

06 ① 1430은 천사백삼십이라고 읽습니다.
② 2081은 이천팔십일이라고 읽습니다.
③ 7101은 칠천백일이라고 읽습니다.
⑤ 3103은 삼천백삼이라고 읽습니다.

07 백의 자리 숫자가 나타내는 수를 알아봅니다.
㉠ 5238 ➡ 200   ㉡ 7891 ➡ 800
㉢ 3907 ➡ 900

08 (1) 7000+300+40+1=7341
(2) 8000+50+6=8056

09 십의 자리 숫자가 1씩 커졌으므로 10씩 뛰어 센 것입니다.

10 1000씩 뛰어 세면 천의 자리 숫자가 1씩 커지고, 100씩 뛰어 세면 백의 자리 숫자가 1씩 커집니다.

11 예 6719에서 1000씩 2번 뛰어 세면 천의 자리 숫자가 2만큼 커지므로 8719가 됩니다.
8719에서 100씩 거꾸로 3번 뛰어 세면 백의 자리 숫자가 3만큼 작아지므로 8419가 됩니다.

상	6719에서 1000씩 2번 뛰어 센 수와 100씩 3번 거꾸로 뛰어 센 수를 순서대로 구했습니다.
중	6719에서 1000씩 2번 뛰어 센 수만 구하고 100씩 3번 거꾸로 뛰어 센 수를 구하지 못했습니다.
하	6719에서 1000씩 2번 뛰어 센 수를 구하지 못했습니다.

12 은경: 4291은 4200보다 큽니다.

시경: 4291에서 2는 백의 자리 숫자이므로 200을 나타냅니다.

13 예 같은 숫자 4개로 이루어진 네 자리 수 중에서 5000보다 큰 수는 각 자리 숫자가 5와 같거나 큽니다.

따라서 5555, 6666, 7777, 8888, 9999로 모두 5개입니다.

상	천, 백, 십, 일의 자리 숫자가 같고 5000보다 큰 네 자리 수의 각 자리의 숫자를 찾고 모두 몇 개인지 구했습니다.
중	천, 백, 십, 일의 자리 숫자가 같고 5000보다 큰 네 자리 수의 각 자리의 숫자를 찾았으나 모두 몇 개인지 구하지 못했습니다.
하	천, 백, 십, 일의 자리 숫자가 같고 5000보다 큰 네 자리 수의 각 자리의 숫자를 찾지 못했습니다.

14 3000 < 3500, 3000 > 2800

3000원보다 가격이 낮은 것이 2800원이므로 3000원으로 살 수 있는 학용품을 고른 사람은 하영입니다.

15 2505 < □ < 2509에서 □ 안에 들어갈 수 있는 수는 2506, 2507, 2508입니다.

학교 시험 만점왕 2회

1. 네 자리 수
8~9쪽

01 10 **02** 5000장
03 3158, 삼천백오십팔 **04** ( )(○)
05 ㉢
06 예

07 9375 **08** 8092
09 (1) 500 (2) 20 **10** 4208, 3218
11 7605, 7505, 7405
12 6625 **13** ( )(○)
14 풀이 참조, 오천삼백 **15** 풀이 참조, 4개

BOOK 2 실전책

01 100이 10개이면 1000입니다.

02 1000이 5개이면 5000입니다.

03 1000이 3개, 100이 1개, 10이 5개, 1이 8개인 수는 3158입니다. 3158은 삼천백오십팔이라고 읽습니다.

04 5020은 오천이십이라고 읽습니다.

05 ㉠ 4890은 1000이 4개, 100이 8개, 10이 9개인 수입니다.

㉡ 4890은 사천팔백구십이라고 읽습니다.

06 2112는 1000이 2개, 100이 1개, 10이 1개, 1이 2개인 수입니다.

07 천의 자리 숫자가 백의 자리 숫자보다 큰 수는 4381, 9375입니다.

이 중에서 십의 자리 숫자와 일의 자리 숫자의 합이 12인 수는 9375입니다.

08 8943의 십의 자리 숫자는 40을 나타냅니다.

9800은 천의 자리 숫자가 9입니다.

09 (1) 2574에서 5는 백의 자리 숫자이고 500을 나타냅니다.

(2) **9027**에서 **2**는 십의 자리 숫자이고 **20**을 나타냅니다.

10 **3208**보다 **1000**만큼 더 큰 수는 천의 자리 숫자가 **1**만큼 더 큰 수이므로 **4208**입니다.
3208보다 **10**만큼 더 큰 수는 십의 자리 숫자가 **1**만큼 더 큰 수이므로 **3218**입니다.

11 수인이는 **100**씩 거꾸로 뛰어 세었습니다.
같은 방법으로 뛰어 세면 백의 자리 숫자가 **1**씩 작아지므로 **7705**−**7605**−**7505**−**7405**입니다.

12 **1000**이 **2**개, **100**이 **6**개, **10**이 **2**개, **1**이 **5**개인 수는 **2625**입니다.
2625에서 **1000**씩 **4**번 뛰어 센 수는
2625−**3625**−**4625**−**5625**−**6625**에서 **6625**입니다.

13 • **5632**와 **5634**의 천의 자리 숫자, 백의 자리 숫자, 십의 자리 숫자가 각각 같고 일의 자리 숫자를 확인하면 **2**<**4**이므로 **5632**<**5634**입니다.
• **6742**와 **6800**의 천의 자리 숫자가 같고 백의 자리 숫자를 확인하면 **7**<**8**이므로 **6742**<**6800**입니다.

14 ㉔ 오천사십오는 **5045**, 오천이백칠은 **5207**, 오천삼백은 **5300**입니다.
세 수는 천의 자리 숫자가 같으므로 백의 자리 숫자를 확인하면 가장 큰 수는 **5300**입니다.
따라서 가장 큰 수를 찾아 쓰면 오천삼백입니다.

채점 기준	
상	세 수를 모두 수로 나타낸 다음 가장 큰 수를 구했습니다.
중	세 수를 모두 수로 나타냈으나 가장 큰 수를 구하지 못했습니다.
하	세 수를 수로 나타내지 못했습니다.

15 ㉔ 천의 자리 숫자가 **4**로 같고 십의 자리 숫자를 확인하면 **3**<**6**입니다.

4>□이어야 하므로 □ 안에 들어갈 수 있는 숫자는 **0**, **1**, **2**, **3**으로 모두 **4**개입니다.

채점 기준	
상	천의 자리 숫자와 십의 자리 숫자를 각각 확인하여 □ 안에 들어갈 수 있는 숫자가 모두 몇 개인지 구했습니다.
중	천의 자리 숫자와 십의 자리 숫자를 각각 확인하여 백의 자리 숫자가 4보다 작아야 함을 알았으나 □ 안에 들어갈 수 있는 숫자가 모두 몇 개인지 구하지 못했습니다.
하	천의 자리 숫자와 십의 자리 숫자를 각각 확인하여 백의 자리 숫자가 4보다 작아야 함을 알지 못했습니다.

01 10, 10   **02** 4, 12

03 42 / 7, 42   **04** 24

05 54   **06** 8

07 0

08

×	1	2	3	4	5	6	7	8	9
5	5	10	15	20	25	30	35	40	45
6	6	12	18	24	30	36	42	48	54
7	7	14	21	28	35	42	49	56	63

09 7   **10** 6×5

---

03 6씩 7번 뛰어 세면 42입니다.
➡ $6 \times 7 = 42$

10 $5 \times 6 = 30$, $6 \times 5 = 30$

학교 시험 만점왕 1회   2. 곱셈구구

01 6, 12   **02** (선 잇기)

03 30자루   **04** 20개

05 7   **06** 40개

07 ㉣   **08** 28, 42, 56

09 8, 5, 3   **10** 12, 3, 18

11 풀이 참조, 7   **12** 0

13

×	1	2	3	4	5	6	7	8	9
2	2	4	6	8	10	12	14	16	18
3	3	6	9	12	15	18	21	24	27
4	4	8	12	16	20	24	28	32	36
5	5	10	15	20	25	30	35	40	45
6	6	12	18	24	30	36	42	48	54

/ 5×3

14 9   **15** 풀이 참조, 60개

---

01 2개씩 6묶음이므로 2의 6배입니다.
➡ $2 \times 6 = 12$

02 $3 \times 2 = 6$, $3 \times 8 = 24$, $3 \times 6 = 18$

03 펜이 한 상자에 5자루씩 6상자에 들어 있으므로 모두 $5 \times 6 = 30$(자루)입니다.

04 양 한 마리의 다리가 4개이므로 양 5마리의 다리는 모두 $4 \times 5 = 20$(개)입니다.

05 7×9는 7×8보다 7만큼 더 큽니다.

06 인형은 8개씩 5줄로 놓여 있으므로 모두 $8 \times 5 = 40$(개)입니다.

07 ㉠ 빵을 2개씩 묶으면 9묶음이므로
    $2 \times 9 = 18$입니다.
㉡ 빵을 3개씩 묶으면 6묶음이므로
    $3 \times 6 = 18$입니다.
㉢ 빵을 6개씩 묶으면 3묶음이므로
    $6 \times 3 = 18$입니다.
㉣ 빵을 9개씩 묶으면 2묶음이므로
    $9 \times 2 = 18$입니다.

08 $7 \times 4 = 28$, $7 \times 6 = 42$, $7 \times 8 = 56$

09 $8 \times 8 = 64$, $8 \times 5 = 40$, $8 \times 3 = 24$

10 6씩 5묶음은 (6씩 2묶음)+(6씩 3묶음)입니다.

11 예 $7 \times 1 = ★$에서 $7 \times 1 = 7$이므로 $★ = 7$입니다.
$♥ \times 9 = 9$에서 $1 \times 9 = 9$이므로 $♥ = 1$입니다.
따라서 $★ \times ♥ = 7 \times 1 = 7$입니다.

채점 기준

상	★과 ♥를 각각 알아보고 ★×♥의 값을 구했습니다.
중	★과 ♥를 각각 알아보았으나 ★×♥의 값을 구하지 못했습니다.
하	★과 ♥를 알아보지 못했습니다.

12 $5 \times 0 = 0$, $7 \times 0 = 0$, $0 \times 6 = 0$

13 $3 \times 5 = 15$, $5 \times 3 = 15$

BOOK **2** 실전책

14 ㉠=$6 \times 6 = 36$, ㉡=$9 \times 5 = 45$
➡ $45 - 36 = 9$

15 (예) 한 봉지에 8개씩 7봉지에 담은 사탕은
$8 \times 7 = 56$(개)입니다.
봉지에 담고 남은 사탕이 4개이므로 윤주가 처음에 가지고 있던 사탕은 모두 $56 + 4 = 60$(개)입니다.

채점 기준	
상	곱셈구구를 이용하여 봉지에 담은 사탕의 수를 구하여 윤주가 처음에 가지고 있던 사탕의 수를 구했습니다.
중	곱셈구구를 이용하여 봉지에 담은 사탕의 수를 구하였으나 윤주가 처음에 가지고 있던 사탕의 수를 구하지 못했습니다.
하	곱셈구구를 이용하여 봉지에 담은 사탕의 수를 구하지 못했습니다.

학교 시험 만점왕 2회

2. 곱셈구구

14~15쪽

01 8, 16
02 9, 45
03 보빈
04 7, 28, 49, 42, 14, 63에 ○표
05 9, 81
06 ( )( )(○)
07 4, 32
08 8, 3, 6, 4
09 2×6, 3×4, 4×3, 6×2에 ○표
10 풀이 참조, ㉠
11 0, 0, 0, 0
12 0
13

×	1	2	3	4	5	6	7	8	9
7	7	14			35	42			○
8	8		24	32			56	64	
9							♥		

14 72
15 풀이 참조, 46개

01 당근이 2개씩 8묶음이므로 2의 8배입니다.
➡ $2 \times 8 = 16$

02 사과가 5개씩 9묶음이므로 5의 9배입니다.
➡ $5 \times 9 = 45$

03 기린 한 마리의 다리는 4개이고, 기린은 6마리입니다.
기린 6마리의 다리의 수는 다음과 같은 방법으로 구할 수 있습니다.
방법 1 4씩 6번 더하여 구할 수 있습니다.
방법 2 4×6으로 구할 수 있습니다.
방법 3 4×5에 4를 더해서 구할 수 있습니다.

04 $7 \times 1 = 7$, $7 \times 4 = 28$, $7 \times 7 = 49$,
$7 \times 6 = 42$, $7 \times 2 = 14$, $7 \times 9 = 63$

05 $3 \times 3 = 9$, $9 \times 9 = 81$

06 도넛이 한 상자에 9개씩 5상자에 들어 있으므로 9의 5배입니다.
➡ $9 \times 5 = 45$

07 크레파스 4개를 이은 길이는 8 cm가 4번이므로 8의 4배입니다.
➡ $8 \times 4 = 32$

08 배를 3개씩 묶으면 8묶음이므로 $3 \times 8 = 24$,
배를 8개씩 묶으면 3묶음이므로 $8 \times 3 = 24$,
배를 4개씩 묶으면 6묶음이므로 $4 \times 6 = 24$,
배를 6개씩 묶으면 4묶음이므로 $6 \times 4 = 24$입니다.

09 $2 \times 6 = 12$(○), $3 \times 4 = 12$(○),
$4 \times 3 = 12$(○), $5 \times 3 = 15$, $6 \times 2 = 12$(○),
$7 \times 3 = 21$, $8 \times 2 = 16$, $9 \times 2 = 18$

10 (예) ㉠ $\square \times 6 = 24$에서 $4 \times 6 = 24$이므로
$\square = 4$
㉡ $8 \times \square = 56$에서 $8 \times 7 = 56$이므로 $\square = 7$
㉢ $5 \times \square = 45$에서 $5 \times 9 = 45$이므로 $\square = 9$

ⓔ □×8=48에서 6×8=48이므로 □=6

4, 7, 9, 6 중에서 가장 작은 수는 4이므로 □ 안에 알맞은 수가 가장 작은 것은 ⓐ입니다.

채점 기준	
상	㉠, ㉡, ㉢, ㉣의 □ 안에 알맞은 수를 각각 알아보고 가장 작은 것을 구했습니다.
중	㉠, ㉡, ㉢, ㉣의 □ 안에 알맞은 수를 각각 알아보았으나 가장 작은 것을 구하지 못했습니다.
하	㉠, ㉡, ㉢, ㉣의 □ 안에 알맞은 수를 구하지 못했습니다.

11 0과 어떤 수의 곱은 항상 0입니다.

$0×1=0, 0×6=0, 0×3=0, 0×8=0$

12 ㉠=1, ㉡=0

➡ ㉠×㉡=1×0=0

13 ♥=$9×7=63$

곱셈에서 곱하는 두 수의 순서를 바꾸어 곱해도 곱은 서로 같으므로 곱이 ♥와 같은 것은

$7×9=63$입니다.

14 둘째 줄을 □단 곱셈구구라고 하면 □×4=32에서 $8×4=32$이므로 □=8입니다.

따라서 8×9=♣에서 $8×9=72$이므로

♣=72입니다.

15 ⑩ 닭의 다리는 $2×9=18$(개)이고 돼지의 다리는 $4×7=28$(개)입니다.

따라서 닭과 돼지의 다리는 모두

$18+28=46$(개)입니다.

채점 기준	
상	닭과 돼지의 다리의 수를 각각 구하여 모두 몇 개인지 구했습니다.
중	닭과 돼지의 다리의 수를 각각 구하였으나 모두 몇 개인지 구하지 못했습니다.
하	닭과 돼지의 다리의 수를 각각 구하지 못했습니다.

01 10		**02** 100, 1	
03 150, 1, 50		**04** 3, 25	
05 6미터 70센티미터		**06** ✕	
07 (○)( )(○)			
08 740 cm		**09** 3	
10 ⑴ 6, 59 ⑵ 2, 60			

BOOK 2 실전책

01 1 m 10 cm는 1 m보다 10 cm 더 깁니다.

03 150 cm=100 cm+50 cm

　　　　=1 m+50 cm

　　　　=1 m 50 cm

04 325 cm=300 cm+25 cm

　　　　=3 m+25 cm

　　　　=3 m 25 cm

05 m는 미터, cm는 센티미터라고 읽습니다.

06 2 m 90 cm=2 m+90 cm

　　　　　=200 cm+90 cm

　　　　　=290 cm

2 m 9 cm=2 m+9 cm

　　　　=200 cm+9 cm

　　　　=209 cm

08 7미터보다 40 cm 더 긴 길이는 7 m 40 cm입니다.

7 m 40 cm=7 m+40 cm

　　　　　=700 cm+40 cm

　　　　　=740 cm

09 사물함의 길이는 양팔을 벌린 길이의 3배이므로 사물함의 길이는 약 3 m입니다.

10 ⑴ m는 m끼리, cm는 cm끼리 더하여 구합니다.

⑵ m는 m끼리, cm는 cm끼리 빼서 구합니다.

01 (1) **200** (2) **6, 83**　　**02** **7미터 5센티미터**

03 **1 m 20 cm**　　**04**

05 ㉠, ㉢, ㉡, ㉣　　**06** (1) **8, 65** (2) **2, 50**

07 **2 m 50 cm**

08 풀이 참조, **10 m 73 cm**

09 **8 m 90 cm, 2 m 50 cm**

10 **>**　　**11** (1) **cm** (2) **m**

12 **3, 2**　　**13** **9 m**

14 **7, 5, 2 / 6, 44**　　**15** 풀이 참조, **40 cm**

01 (1) $2\,m = 200\,cm$

(2) $683\,cm = 600\,cm + 83\,cm$
$= 6\,m + 83\,cm$
$= 6\,m\ 83\,cm$

03 $120\,cm = 100\,cm + 20\,cm$
$= 1\,m + 20\,cm$
$= 1\,m\ 20\,cm$

04 $2\,m\ 5\,cm = 2\,m + 5\,cm$
$= 200\,cm + 5\,cm$
$= 205\,cm$

$2\,m\ 50\,cm = 2\,m + 50\,cm$
$= 200\,cm + 50\,cm$
$= 250\,cm$

$5\,m\ 20\,cm = 5\,m + 20\,cm$
$= 500\,cm + 20\,cm$
$= 520\,cm$

05 ㉠ $430\,cm = 4\,m\ 30\,cm$, ㉡ $4\,m\ 3\,cm$,
㉢ $4\,m\ 23\,cm$, ㉣ $4\,m$
따라서 길이가 긴 것부터 순서대로 기호를 쓰면
㉠, ㉢, ㉡, ㉣입니다.

06 m는 m끼리, cm는 cm끼리 계산합니다.

07 $250\,cm = 200\,cm + 50\,cm$
$= 2\,m + 50\,cm$
$= 2\,m\ 50\,cm$

08 예 가장 긴 길이는 $5\,m\ 70\,cm$이고, 가장 짧은
길이는 $503\,cm = 5\,m\ 3\,cm$입니다.
따라서 가장 긴 길이와 가장 짧은 길이의 합은
$5\,m\ 70\,cm + 5\,m\ 3\,cm = 10\,m\ 73\,cm$입
니다.

채점 기준

상	가장 긴 길이와 가장 짧은 길이를 찾고 합을 구했습니다.
중	가장 긴 길이와 가장 짧은 길이를 찾았으나 합을 구하지 못했습니다.
하	가장 긴 길이와 가장 짧은 길이를 찾지 못했습니다.

09 $5\,m\ 20\,cm + 3\,m\ 70\,cm = 8\,m\ 90\,cm$,
$8\,m\ 90\,cm - 6\,m\ 40\,cm = 2\,m\ 50\,cm$

10 $305\,cm + 4\,m\ 52\,cm$
$= 3\,m\ 5\,cm + 4\,m\ 52\,cm$
$= 7\,m\ 57\,cm$
➡ $7\,m\ 57\,cm > 7\,m\ 18\,cm$

12 $4\,m\ 40\,cm - 1\,m\ 38\,cm = 3\,m\ 2\,cm$

13 도영이가 양팔을 벌린 길이는 약 $100\,cm = $약 $1\,m$
입니다.
약 $1\,m$의 **9**배는 약 $9\,m$입니다.

14 **2, 5, 7**을 한 번씩만 사용하여 가장 긴 길이를 만
들면 $7\,m\ 52\,cm$입니다.
➡ $7\,m\ 52\,cm - 1\,m\ 8\,cm = 6\,m\ 44\,cm$

15 예 ㉠ $5\,m\ 30\,cm + 2\,m\ 45\,cm$
$= 7\,m\ 75\,cm$
㉡ $10\,m\ 48\,cm - 3\,m\ 13\,cm = 7\,m\ 35\,cm$
➡ ㉠-㉡$= 7\,m\ 75\,cm - 7\,m\ 35\,cm$
$= 40\,cm$

채점 기준	
상	㉠과 ㉡을 각각 계산하고 계산 결과의 차를 구했습니다.
중	㉠과 ㉡을 각각 계산했으나 계산 결과의 차를 구하지 못했습니다.
하	㉠과 ㉡을 계산하지 못했습니다.

학교 시험 만점왕 2회

3. 길이 재기

20~21쪽

01 (1) 700 (2) 3, 50　　**02** 8미터 19센티미터
03 1 m 8 cm　　**04**
05 <　　**06** (1) 15 cm (2) 10 m
07 태민　　**08** (1) 6, 95 (2) 4, 9
09 5 m　　**10** 7 m 56 cm
11 풀이 참조, 4 m 50 cm
12 <　　**13** 285 cm
14 ⑤
15 풀이 참조, 7 m 85 cm

01 (1) 7 m＝700 cm
(2) 350 cm＝300 cm＋50 cm
$\qquad$ ＝3 m＋50 cm
$\qquad$ ＝3 m 50 cm

02 m는 미터, cm는 센티미터라고 읽습니다.

03 108 cm＝100 cm＋8 cm
$\qquad$ ＝1 m＋8 cm
$\qquad$ ＝1 m 8 cm

04 304 cm＝300 cm＋4 cm
$\qquad$ ＝3 m＋4 cm
$\qquad$ ＝3 m 4 cm
430 cm＝400 cm＋30 cm
$\qquad$ ＝4 m＋30 cm
$\qquad$ ＝4 m 30 cm

340 cm＝300 cm＋40 cm
$\qquad$ ＝3 m＋40 cm
$\qquad$ ＝3 m 40 cm

05 2 m 7 cm＝2 m＋7 cm
$\qquad$ ＝200 cm＋7 cm
$\qquad$ ＝207 cm
➡ 207 cm < 270 cm

07 605 cm＝6 m 5 cm,
630 cm＝6 m 30 cm
➡ 6 m 40 cm가 가장 깁니다.
따라서 가장 긴 색 테이프를 가지고 있는 사람은 태민입니다.

08 (1) m는 m끼리, cm는 cm끼리 더합니다.
(2) m는 m끼리, cm는 cm끼리 뺍니다.

09 트럭 긴 쪽의 길이는 1 m의 5배 정도이므로 약 5 m입니다.

10 4 m 15 cm＋3 m 41 cm
＝7 m 56 cm

11 ㉞ 410 cm＝4 m 10 cm
따라서 사용하고 남은 끈의 길이는
8 m 60 cm－4 m 10 cm＝4 m 50 cm입니다.

채점 기준	
상	410 cm를 몇 m 몇 cm로 나타내고, 사용하고 남은 끈의 길이를 구했습니다.
중	410 cm를 몇 m 몇 cm로 나타냈으나 사용하고 남은 끈의 길이를 구하지 못했습니다.
하	410 cm를 몇 m 몇 cm로 나타내지 못했습니다.

12 550 cm－3 m 48 cm
＝5 m 50 cm－3 m 48 cm
＝2 m 2 cm
➡ 2 m 2 cm < 2 m 9 cm

BOOK 2 실전책

13 농구대의 높이는 2 m보다 85 cm 더 높으므로
2 m 85 cm입니다.
➡ 2 m 85 cm=285 cm

14 건후의 한 걸음은 약 50 cm이고 2걸음은 약
1 m입니다.
2×6=12이므로 2의 6배는 12입니다.
축구 골대의 길이가 12걸음이므로 약 6 m입니다.

15 ⑩ (두 색 테이프의 길이의 합)
=3 m 38 cm+5 m 52 cm
=8 m 90 cm
(이어 붙인 색 테이프의 전체 길이)
=8 m 90 cm−1 m 5 cm
=7 m 85 cm

채점 기준	
상	두 색 테이프의 길이의 합을 구한 다음 겹치게 이어 붙인 전체 길이를 구했습니다.
중	두 색 테이프의 길이의 합을 구했으나 겹치게 이어 붙인 전체 길이를 구하지 못했습니다.
하	두 색 테이프의 길이의 합을 구하지 못했습니다.

4단원 핵심＋문제 복습 ▶▶▶   22~23쪽

01 (   )(○)(   )
02 1, 17   **03** 10, 58
04 10   **05** 5
06 9, 15   **07** 3시 26분
08 (1) 20   (2) 24   **09** 4번
10 4월 25일

01 짧은바늘이 5와 6 사이를 가리키고, 긴바늘이 9
를 가리키므로 5시 45분입니다.

02 짧은바늘이 1과 2 사이를 가리키고, 긴바늘이 3
에서 작은 눈금 2칸만큼 더 간 곳을 가리키므로
1시 17분입니다.

03 짧은바늘이 10과 11 사이를 가리키고, 긴바늘이
11에서 작은 눈금 3칸만큼 더 간 곳을 가리키므로
10시 58분입니다.

04 7시 10분 전은 7시가 되기 10분 전이므로 6시
50분입니다.
이때 긴바늘이 가리키는 숫자는 10입니다.

05 긴바늘이 11을 가리키면 55분입니다. 55분에서
5분이 지나면 몇 시가 되므로 ☐ 안에 알맞은 수
는 5입니다.

06 8시 45분에서 9시가 되려면 15분이 더 지나야
하므로 9시 15분 전이라고도 합니다.

07 시계가 나타내는 시각은 12시 26분입니다.
긴바늘이 3바퀴 돌면 3시간이 지나므로 3시 26
분이 됩니다.

08 (1) 80분=60분＋20분=1시간 20분

09 일요일은 3일, 10일, 17일, 24일이므로 4번 있
습니다.

10 일주일이 7일이므로 4월 4일부터 3주일 후는
4월 25일입니다.

01 ㉡

02 (1) 25 (2) 40 (3) 55

03 8시 12분

04 6시 38분

05

06 (○)( )

07 70

08 15

09 10시 10분 20분 30분 40분 50분 11시 10분 20분 30분 40분 50분 12시
1시간 30분

10 풀이 참조, 1시간 50분

11 오전에 ○표, 8, 20

12 (1) × (2) ○ (3) × (4) ○

13 4일, 11일, 18일, 25일

14 12, 17, 토

15 풀이 참조, 9일

01 5시 10분은 짧은바늘이 5와 6 사이를 가리키고, 긴바늘이 2를 가리킵니다.

02 시계의 긴바늘이 가리키는 숫자가 1이면 5분, 2이면 10분, 3이면 15분, 4이면 20분, 5이면 25분, …을 나타냅니다.

03 짧은바늘이 8과 9 사이를 가리키고, 긴바늘이 2에서 작은 눈금 2칸만큼 더 간 곳을 가리키므로 8시 12분입니다.

04 시계가 나타내는 시각은 6시 35분입니다.
6시 35분에서 긴바늘이 작은 눈금 3칸만큼 더 간 곳을 가리키면 6시 38분이 됩니다.

05 5시 5분 전은 5시가 되기 5분 전이므로 4시 55분입니다.

06 11시 10분 전은 10시 50분입니다.

07 1시간 10분＝60분＋10분＝70분

08 135분＝60분＋60분＋15분＝2시간 15분

09 10시 20분부터 11시 50분까지 시간 띠에 색칠하면 9칸을 색칠하게 됩니다.
시간 띠의 한 칸은 10분을 나타내므로 시간 띠 9칸은 90분입니다.
➡ 90분＝60분＋30분＝1시간 30분

10 ⑩ 오전 11시 10분부터 오후 12시 10분까지는 1시간입니다. 오후 12시 10분부터 오후 1시까지는 50분입니다.
따라서 준기가 그릇을 만드는 데 걸린 시간은 1시간 50분입니다.

채점 기준	
상	걸린 시간을 시간과 분으로 나누어 생각하고 준기가 그릇을 만드는 데 걸린 시간을 구했습니다.
중	걸린 시간을 시간과 분으로 나누어 생각했으나 준기가 그릇을 만드는 데 걸린 시간을 구하지 못했습니다.
하	걸린 시간을 시간과 분으로 나누어 생각하지 못했습니다.

11 전날 밤 12시부터 낮 12시까지를 오전이라 하고, 낮 12시부터 밤 12시까지를 오후라고 합니다.
따라서 아침에 일어나서 학교에 간 시각은 오전 8시 20분입니다.

12 (1) 1일은 24시간입니다.
(3) 1달의 날수가 항상 30일인 것은 아닙니다.

13 첫째 일요일은 4일이고, 7일마다 같은 요일이 반복됩니다.

14 12월 3일 토요일부터 2주일 후는 12월 17일 토요일입니다.

15 ⑩ 화요일, 목요일인 날짜를 달력에서 찾으면 1일, 6일, 8일, 13일, 15일, 20일, 22일, 27일, 29일입니다.
따라서 모두 9일입니다.

채점 기준	
상	화요일, 목요일인 날짜를 찾고 모두 며칠인지 구했습니다.
중	화요일, 목요일인 날짜를 찾았으나 모두 며칠인지 구하지 못했습니다.
하	화요일, 목요일인 날짜를 찾지 못했습니다.

학교 시험 만점왕 2회

4. 시각과 시간

26~27쪽

01 7시 15분
02 10시 50분
03
04 혜수
05 8시 24분
06 12, 55 / 1, 5
07 ④
08 (1) 60 (2) 12
09 10시 20분
10 풀이 참조, 우진
11 ③
12 ©
13 30일
14 19일
15 풀이 참조, 수요일

01 짧은바늘이 7과 8 사이를 가리키고, 긴바늘이 3을 가리키므로 7시 15분입니다.

02 짧은바늘이 10과 11 사이를 가리키고, 긴바늘이 10을 가리키므로 10시 50분입니다.

03 5시 10분이므로 긴바늘이 2를 가리키게 그립니다.

04 혜수: 7시 41분일 때 짧은바늘은 7과 8 사이를 가리키고, 긴바늘은 8에서 작은 눈금 1칸만큼 더 간 곳을 가리키므로 8과 9 사이를 가리킵니다.
따라서 잘못 말한 사람은 혜수입니다.

05 시계의 작은 눈금 한 칸은 1분을 나타내므로 8시 20분에서 긴바늘이 작은 눈금 4칸만큼 더 간 곳을 가리키면 8시 24분이 됩니다.

06 12시 55분은 1시가 되기 5분 전이므로 1시 5분 전이라고도 할 수 있습니다.

07 ① 4시 50분에서 10분이 더 지나면 5시가 됩니다.
② 4시 50분은 5시 10분 전입니다.
③ 4시 50분을 나타내는 시계의 긴바늘은 10을 가리킵니다.
④ 4시 50분에서 5시가 되려면 10분이 남았습니다.
⑤ 4시 50분에서 긴바늘이 한 바퀴 돌면 5시 50분이 됩니다.

08 (1) 시계의 긴바늘이 한 바퀴 도는 데 60분=1시간이 걸립니다.
(2) 시계의 짧은바늘이 한 바퀴 도는 데 12시간이 걸립니다.

09 지혜네 반은 9시 40분에 2교시 수업을 시작합니다.
40분=20분+20분
9시 40분에서 20분이 지나면 10시이고 10시에서 20분이 지나면 10시 20분입니다.
따라서 2교시 수업이 끝난 시각은 10시 20분입니다.

10 예 호영이가 수영장에 있었던 시간은 오전 11시 50분부터 낮 12시까지 10분, 낮 12시부터 오후 12시 30분까지 30분이므로 모두 40분입니다.
우진이가 수영장에 있었던 시간은 오후 1시 30분부터 오후 2시까지 30분, 오후 2시부터 오후 2시 20분까지 20분이므로 모두 50분입니다.
40분<50분이므로 수영장에 더 오래 있었던 사람은 우진입니다.

56 만점왕 수학 2-2

<table>
<tr><th colspan="2">채점 기준</th></tr>
<tr><td>상</td><td>두 사람이 수영장에 있었던 시간을 각각 구하고 더 오래 있었던 사람이 누구인지 구했습니다.</td></tr>
<tr><td>중</td><td>두 사람 중 한 사람이 수영장에 있었던 시간만 구했습니다.</td></tr>
<tr><td>하</td><td>두 사람이 수영장에 있었던 시간을 모두 구하지 못했습니다.</td></tr>
</table>

11 오전 10시부터 낮 12시까지 2시간, 낮 12시부터 오후 2시까지 2시간입니다.

따라서 오전 10시부터 4시간이 지나면 오후 2시가 됩니다.

12 7일마다 같은 요일이 반복됩니다.

12월 20일과 요일이 같은 날은 20일부터 7일 후인 ⓒ 12월 27일입니다.

13 9월의 마지막 날이 30일이므로 9월은 모두 30일입니다.

14 9월의 첫째 토요일은 5일, 둘째 토요일은 12일, 셋째 토요일은 19일입니다.

15 예 26일부터 10일 전은 26-10=16(일)입니다. 달력에서 16일은 수요일입니다.

<table>
<tr><th colspan="2">채점 기준</th></tr>
<tr><td>상</td><td>26일부터 10일 전이 며칠인지 구한 다음 무슨 요일인지 구했습니다.</td></tr>
<tr><td>중</td><td>26일부터 10일 전이 며칠인지 구했으나 무슨 요일인지 구하지 못했습니다.</td></tr>
<tr><td>하</td><td>26일부터 10일 전이 며칠인지 구하지 못했습니다.</td></tr>
</table>

5단원 핵심+문제 복습 ▶▶▶

28~29쪽

01 강아지　　　　**02** 24명

03 안나, 우철, 은서

04

반려동물	강아지	고양이	햄스터	금붕어	합계
학생 수(명)	9	7	5	3	24

05

연필 수(자루) / 이름	연우	윤담	재원	희범	서우
5				○	
4		○		○	○
3	○	○		○	○
2	○	○	○	○	○
1	○	○	○	○	○

06 희범　　　　**07** 재원

08 연우, 재원　　　**09** 서우

10 표, 그래프

06 그래프에서 ○의 수가 가장 많은 희범이가 연필을 가장 많이 가지고 있습니다.

07 그래프에서 ○의 수가 가장 적은 재원이가 연필을 가장 적게 가지고 있습니다.

08 그래프에서 ○의 수가 4개보다 적은 친구는 연우, 재원입니다.

09 그래프에서 윤담이와 서우의 ○의 수가 4개로 같으므로 두 친구의 연필 수가 같습니다.

10 표: 친구별로 연필을 몇 자루 가지고 있는지 알아보기 편리합니다.

　　친구들이 가지고 있는 전체 연필 수를 알아보기 편리합니다.

　그래프: 연필을 가장 많이 가지고 있는 친구와 가장 적게 가지고 있는 친구를 한눈에 알아보기 편리합니다.

　　친구들이 가지고 있는 연필 수를 비교하기 편리합니다.

5. 표와 그래프
30~31쪽

01 딸기 우유

02 주원, 희민

03 3명

04

우유	딸기	바나나	초코	합계
학생 수(명)	3	3	2	8

05 떡볶이

06

간식	떡볶이	김밥	닭강정	피자	스파게티	합계
학생 수(명)	5	4	7	3	2	21

07 21명

08 ⓔ 7칸

09 자료

10

8	○			
7	○		○	
6	○	○	○	
5	○	○	○	
4	○	○	○	○
3	○	○	○	○
2	○	○	○	○
1	○	○	○	○
학생 수(명) / 계절	봄	여름	가을	겨울

11 봄

12 풀이 참조, 4명

13

위인	이순신	세종대왕	유관순	신사임당	안중근	합계
학생 수(명)	9	6	4	3	7	29

14 ⓒ

15 풀이 참조, 세종대왕

03 바나나 우유를 좋아하는 학생은 시율, 우영, 한울로 3명입니다.

04 좋아하는 우유별 학생 수를 세어 표에 씁니다.
(합계)=3+3+2=8(명)

06 좋아하는 간식별 학생 수를 세어 표에 씁니다.
(합계)=5+4+7+3+2=21(명)

07 표에서 합계를 보면 21명입니다.

08 표에서 닭강정을 좋아하는 학생이 7명으로 가장 많으므로 세로는 7칸으로 나누면 좋습니다.

09 자료는 누가 어떤 간식을 좋아하는지 알아보기 편리합니다.

10 태어난 계절별 학생 수만큼 ○를 한 칸에 하나씩, 아래에서 위로 빈칸 없이 채워서 나타냅니다.

11 10의 그래프에서 ○의 수가 가장 많은 계절은 봄입니다.
따라서 가장 많은 학생들이 태어난 계절은 봄입니다.

12 ⓔ 봄에 태어난 학생은 8명이고, 겨울에 태어난 학생은 4명입니다.
따라서 봄에 태어난 학생은 겨울에 태어난 학생보다 8-4=4(명) 더 많습니다.

채점 기준	
상	봄과 겨울에 태어난 학생 수를 각각 구한 다음 봄에 태어난 학생이 겨울에 태어난 학생보다 몇 명 더 많은지 구했습니다.
중	봄과 겨울에 태어난 학생 수를 각각 구했으나 봄에 태어난 학생이 겨울에 태어난 학생보다 몇 명 더 많은지 구하지 못했습니다.
하	봄과 겨울에 태어난 학생 수를 각각 구하지 못했습니다.

13 그래프에서 위인별 ○의 수를 세어 표에 씁니다.

14 ⓒ 세종대왕을 존경하는 학생은 6명이고, 안중근을 존경하는 학생은 7명입니다.
6<7이므로 세종대왕을 존경하는 학생 수가 안중근을 존경하는 학생 수보다 적습니다.

15 ⓔ 그래프에서 ○의 수가 신사임당보다 3개 더 많은 위인을 찾아봅니다.
존경하는 학생 수가 신사임당보다 3명 더 많은 위인은 세종대왕입니다.

학교 시험 만점왕 2회

5. 표와 그래프
32~33쪽

01 비

02

날씨	맑음	흐림	비	눈	합계
날수(일)	9	11	7	4	31

03 11일　　　　　　04 2일

05 풀이 참조, 8권

06

동시집	○	○	○	○				
과학책	○	○	○	○	○	○		
수학책	○	○	○	○	○			
위인전	○	○	○	○	○	○	○	
동화책	○	○	○	○	○	○	○	○
종류＼책 수(권)	1	2	3	4	5	6	7	8

07 동화책　　　　　08 동시집

09 6명　　　　　　10 풀이 참조, 가지, 상추

11 토마토, 고추

12

오렌지	×	×	×	×				
포도	×	×	×	×	×			
복숭아	×	×	×	×	×	×	×	×
수박	×	×	×	×	×	×		
주스＼학생 수(명)	1	2	3	4	5	6	7	8

13 수박, 복숭아

14

5				
4	/			
3	/	/		/
2	/	/		/
1	/	/	/	/
횟수(번)＼이름	보아	미경	영서	호린

15 2번

---

01 12일의 날씨는 🌂이므로 비입니다.

02 (합계)＝9＋11＋7＋4＝31(일)

03 02의 표에서 12월에 흐린 날은 11일입니다.

04 맑은 날은 9일이고, 비가 온 날은 7일입니다.
따라서 맑은 날이 비가 온 날보다 9－7＝2(일) 더 많습니다.

05 예 제민이가 한 달 동안 읽은 동화책은
30－7－5－6－4＝8(권)입니다.

06 종류별로 읽은 책 수만큼 ○를 한 칸에 하나씩, 왼쪽에서 오른쪽으로 빈칸 없이 채워서 나타냅니다.

07 06의 그래프에서 ○의 수가 가장 많은 책은 동화책입니다.

08 06의 그래프에서 ○의 수가 가장 적은 책은 동시집입니다.

09 그래프에서 토마토의 ○는 6개입니다.

10 예 그래프에서 ○의 수가 같은 채소는 가지와 상추입니다.
따라서 키우고 싶은 학생 수가 같은 채소는 가지와 상추입니다.

BOOK 2

실전책

11 토마토를 키우고 싶은 학생은 **6**명으로 가장 많고, 고추를 키우고 싶은 학생은 **5**명으로 두 번째로 많습니다.

12 좋아하는 주스별 학생 수만큼 ×를 한 칸에 하나씩, 왼쪽에서 오른쪽으로 빈칸 없이 채워서 나타냅니다.

13 **12**의 그래프에서 ×의 수가 **6**개보다 많은 주스는 수박, 복숭아입니다.

14 학생별로 넣은 횟수는 ○의 수를 세어 봅니다.
보아: **4**번, 미경: **3**번, 영서: **2**번, 호린: **3**번

15 **14**의 그래프에서 보아는 영서보다 /가 **2**개 더 많습니다.
따라서 보아는 영서보다 **2**번 더 많이 넣었습니다.

01 ♥

02 ●

03

04 9, 12

05 I

06 예 I씩 커집니다.

07 21, 20, 25, 36

08 4

09 6

10

01 ☆, ♥, ♥이 반복되는 규칙입니다.
빈칸에 알맞은 모양은 ♥입니다.

02 모양은 ●, ■가 반복되는 규칙입니다.
색깔은 노란색, 파란색, 보라색이 반복되는 규칙입니다.
빈칸에 알맞은 모양은 ●입니다.

03 모양이 시계 방향으로(또는 시계 반대 방향으로) 돌아가는 규칙입니다.

04 ㉠ $7+2=9$
㉡ $8+4=12$

05 6, 7, 8, 9, 10은 I씩 커지는 규칙입니다.

06 8, 9, 10, II, I2는 I씩 커지는 규칙입니다.

07

×	5	6	7	8
2	10	12	14	16
3	15	18	㉠	24
4	㉡	24	28	32
5	㉢	30	35	40
6	30	㉣	42	48

㉠ $3\times7=21$, ㉡ $4\times5=20$,
㉢ $5\times5=25$, ㉣ $6\times6=36$

08 20, 24, 28, 32는 4씩 커지는 규칙입니다.

09 12, 18, 24, 30, 36은 6씩 커지는 규칙입니다.

10 시계는 3시, 5시, 7시, 9시로 2시간씩 지나는 규칙입니다.
따라서 마지막 시계는 11시를 가리키도록 그립니다.

 학교 시험 만점왕 1회

6. 규칙 찾기
36~37쪽

01 ♥, △, ♥

02

1	2	1	1	2	1	1
2	1	1	2	1	1	2
1	1	2	1	1	2	1

03 1

04 ㉡

05

+	1	3	5	7	9
1	2	4	6	8	10
3	4	6	8	10	12
5	6	8	10	12	14
7	8	10	12	14	16
9	10	12	14	16	18

06 4씩

07

7	8	
8	9	10
	10	11

08

11		13
12	13	14
13		

09 11개

10 6씩

11 풀이 참조, 20

12 12 / 21

13 15개

14 ⑤

15 풀이 참조, 5시 30분

01 ♥, △, ♥가 반복되는 규칙입니다.

03 가운데 쌓기나무 위에 쌓기나무가 1개, 2개, 3개 놓여 있습니다.

04 가운데 쌓기나무 위에 쌓기나무가 4개 놓인 것을 찾습니다.

06 2, 6, 10, 14, 18은 4씩 커지는 규칙입니다.

07

+	5	6	7
2	7	8	
3	8	9	10
4		10	11

08

+	6	7	8
5	11		13
6	12	13	14
7	13		

09 쌓기나무가 5개, 7개, 9개 쌓여 있습니다.
쌓기나무가 2개씩 많아지는 규칙이므로 다음에 이어질 모양에 쌓을 쌓기나무는 9개보다 2개 더 많은 11개입니다.

10 18, 24, 30은 6씩 커지고 있습니다.

11 예 32, 28, 24는 4씩 작아지는 규칙입니다.
따라서 ㉢에 알맞은 수는 24보다 4만큼 더 작은 20입니다.

채점 기준

상	규칙을 찾고 ㉢에 알맞은 수를 구했습니다.
중	규칙을 찾았으나 ㉢에 알맞은 수를 구하지 못했습니다.
하	규칙을 찾지 못했습니다.

12

×	5	6	7	8
2		㉠		
3		18	㉡	
4	20	24	28	32
5		30		

㉠ 2×6=12
㉡ 3×7=21

13 규칙에 따라 쌓기나무를 **5**층으로 쌓는 데 필요한 쌓기나무는 **I**+**2**+**3**+**4**+**5**=**I5**(개)입니다.

14 화요일은 **2**일부터 **7**일마다 반복됩니다.
따라서 화요일은 **2**일, **9**일, **I6**일, **23**일, **30**일입니다.

15 ⑩ 공연 시작 시각은 **2**시, **3**시 **I0**분, **4**시 **20**분으로 **I**시간 **I0**분씩 지나는 규칙입니다.
따라서 **4**회 공연 시작 시각은 **4**시 **20**분부터 **I**시간 **I0**분이 지난 **5**시 **30**분입니다.

채점 기준	
상	공연 시작 시각의 규칙을 찾고 **4**회 공연 시작 시각을 구했습니다.
중	공연 시작 시각의 규칙을 찾았으나 **4**회 공연 시작 시각을 구하지 못했습니다.
하	공연 시작 시각의 규칙을 찾지 못했습니다.

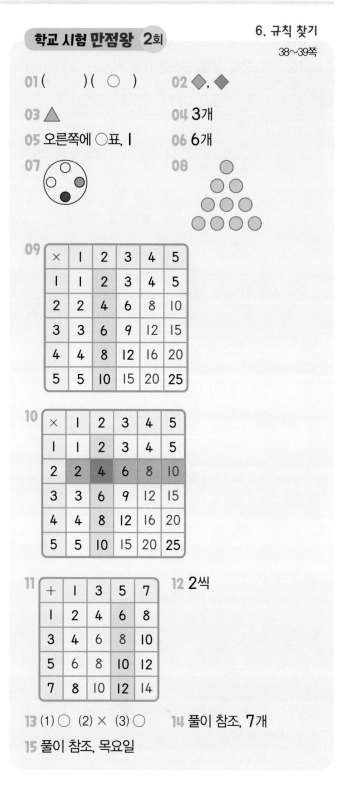

01 (   ) (○)   **02** ◆, ◆
03 △   **04** 3개
05 오른쪽에 ○표, 1   **06** 6개
07   **08**

12 2씩

13 (1) ○ (2) × (3) ○   **14** 풀이 참조, 7개
15 풀이 참조, 목요일

02 ◯ 다음에는 ◆, ◆입니다.

03 ♡와 ▲이 반복되고 ▲이 하나씩 늘어나는 규칙입니다.

04 쌓기나무가 **3**개, **4**개씩 반복되는 규칙입니다.

따라서 다음에 이어질 모양에 쌓을 쌓기나무는 **3**개입니다.

06 다음에 이어질 모양에 쌓을 쌓기나무는 **5**개보다 **1**개 더 많은 **6**개입니다.

07 (⊙) 모양이 시계 방향으로 돌아가는 규칙입니다.

08 ◯가 **2**개, **3**개, ... 늘어나는 규칙입니다.
따라서 넷째 모양에는 셋째 모양 아래에 ◯를 **4**개 더 그립니다.

10 **2**, **4**, **6**, **8**, **10**은 **2**씩 커지는 규칙입니다.

12 **6**, **8**, **10**, **12**는 **2**씩 커지는 규칙입니다.

13 (2) 위로 올라갈수록 **3**씩 커집니다.

14 예 흰색 바둑돌과 검은색 바둑돌이 반복되고, 흰색 바둑돌은 **1**개이고 검은색 바둑돌은 **2**개씩 늘어나는 규칙입니다.
따라서 바로 다음에 이어질 검은색 바둑돌은 $5+2=7$(개)입니다.

채점 기준	
상	규칙을 찾고 바로 다음에 이어질 검은색 바둑돌은 몇 개인지 구했습니다.
중	규칙을 찾았으나 다음에 이어질 검은색 바둑돌은 몇 개인지 구하지 못했습니다.
하	규칙을 찾지 못했습니다.

15 예 달력에서 같은 요일은 **7**일마다 반복됩니다.
$16-7=9$(일), $9-7=2$(일)이므로 **16**일은 **2**일과 같은 목요일입니다.

채점 기준	
상	달력에서 규칙을 찾고 **16**일은 무슨 요일인지 구했습니다.
중	달력에서 규칙을 찾았으나 **16**일은 무슨 요일인지 구하지 못했습니다.
하	달력에서 규칙을 찾지 못했습니다.

MEMO